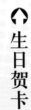

↑ 插画

↑ 生日贺卡

◖ 小蜜蜂

◖ 迷人的月色

◖ 月历

◖ 少女插画

◖ 少女插画

少女插画

促销广告

结婚请柬

明信片

精美相框

文字标识

牙膏广告

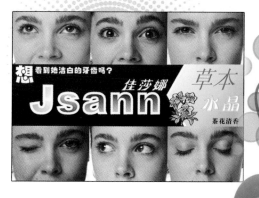

文字插画

少女插画

少女插画

少女插画

圣诞贺卡

促销广告

↑ 电影海报

明信片 ↰

明信片 ↰

↑ 月历

月历 ↰

↑ 数码相机海报

全国职业教育"十一五"规划教材

CorelDRAW 平面设计
实训教程

北京金企鹅文化发展中心　策划

主　编　甘登岱　关方　孙菲

副主编　韦莉超　黄园　罗蓓蓓　朱丽静

航空工业出版社

北京

内 容 提 要

本书主要面向职业技术院校，并被列入全国职业教育"十一五"规划教材。全书共 13 章，内容涵盖 CorelDRAW X4 基础知识与基本操作、绘制几何图形、绘制线条和不规则图形、编辑路径与对象、轮廓与填充、对象编辑与辅助工具的使用、对象组织与安排、应用文本、应用交互式效果、应用特殊效果、导入与编辑位图、打印输出等。

本书具有如下特点：（1）满足社会实际就业需要。对传统教材的知识点进行增、删、改，让学生能真正学到满足就业要求的知识。（2）增强学生的学习兴趣。从传统的偏重知识的传授转为培养学生的实际操作技能，让学生有兴趣学习。（3）让学生能轻松学习。用实训讲解相关应用和知识点，边练边学，从而避开枯燥的讲解，让学生能轻松学习，教师也教得愉快。（4）包含大量实用技巧和练习，网上提供素材、课件和视频下载。

本书可作为中、高等职业技术院校，以及各类计算机教育培训机构的专用教材，也可供广大初、中级电脑爱好者自学使用。

图书在版编目（CIP）数据

CorelDRAW 平面设计实训教程 / 甘登岱主编. —北京：航空工业出版社，2010. 1

ISBN 978-7-80243-268-0

Ⅰ. C… Ⅱ. 甘… Ⅲ. 平面设计—图形软件，CorelDRAW—教材 Ⅳ. TP391.41

中国版本图书馆 CIP 数据核字（2009）第 057877 号

CorelDRAW 平面设计实训教程
CorelDRAW Pingmian Sheji Shixun Jiaocheng

航空工业出版社出版发行
（北京市安定门外小关东里 14 号　100029）
发行部电话：010-64815615　010-64978486

北京忠信印刷有限责任公司印刷　　　全国各地新华书店经售

2010 年 1 月第 1 版　　　　　　　　2010 年 1 月第 1 次印刷

开本：787×1092　　1/16　　印张：20　　字数：474 千字

印数：1—5000　　　　　　　　　　　定价：32.00 元

编者的话

随着社会的发展，传统的职业教育模式已无法满足学生实际就业的需要。一方面，大量的毕业生无法找到满意的工作，另一方面，用人单位却在感叹无法招到符合职位要求的人才。因此，积极推进职业教学形式和内容的改革，从传统的偏重知识的传授转向注重就业能力的培养，已成为大多数中、高等职业技术院校的共识。

职业教育改革首先是教材的改革，为此，我们走访了众多院校，与大量的老师探讨当前职业教育面临的问题和机遇，然后聘请具有丰富教学经验的一线教师编写了这套"电脑实训教程"系列丛书。

 丛书书目

本套教材涵盖了计算机的主要应用领域，包括计算机硬件知识、操作系统、文字录入和排版、办公软件、图形图像、三维动画、网页制作以及多媒体制作等。众多的图书品种，可以满足各类院校相关课程设置的需要。

● 已出版的图书书目

《五笔打字实训教程》	《Illustrator 平面设计实训教程》（CS3 版）
《电脑入门实训教程》	《Photoshop 图像处理实训教程》（CS3 版）
《电脑基础实训教程》	《Dreamweaver 网页制作实训教程》（CS3 版）
《电脑组装与维护实训教程》	《CorelDRAW 平面设计实训教程》（X4 版）
《电脑综合应用实训教程》（2007 版）	《Flash 动画制作实训教程》（CS3 版）
《电脑综合应用实训教程》（2003 版）	《AutoCAD 绘图实训教程》（2009 版）

● 即将出版的图书书目

《办公自动化实训教程》（2007 版）	《方正书版实训教程》（10.0 版）
《办公自动化实训教程》（2003 版）	《方正飞腾创意实训教程》（5.0 版）
《Word 文字排版实训教程》（2007 版）	《常用工具软件实训教程》
《Excel 表格制作和数据处理实训教程》（2007 版）	《Windows Vista+Office 2007+Internet 实训教程》
《PowerPoint 演示文稿制作实训教程》（2007 版）	《3ds Max 基础与应用实训教程》（9.0 版）

 丛书特色

● **满足社会实际就业需要。**对传统教材的知识点进行增、删、改，让学生能真正学到满足就业要求的知识。例如，《CorelDRAW 平面设计实训教程》的目标是让学生在学完本书后，能熟练利用 CorelDRAW 进行平面设计工作。

- **增强学生的学习兴趣。**将传统教材的偏重知识的传授转为培养学生实际操作技能。例如，将传统教材的以知识点为主线，改为以"应用+知识点"为主线，让知识点为应用服务，从而增强学生的学习兴趣。

- **让学生能轻松学习。**用实训去讲解软件的相关应用和知识点，边练边学，从而避开枯燥的讲解，让学生能轻松学习，教师也教得愉快。

- **语言简炼，讲解简洁，图示丰富。**让学生花最少的时间，学到尽可能多的东西。

- **融入众多典型实用技巧和常见问题解决方法。**在各书中都安排了大量的知识库、提示和小技巧，从而使学生能够掌握一些实际工作中必备的图像处理技巧，并能独立解决一些常见问题。

- **课后总结和练习。**通过课后总结，读者可了解每章的重点和难点；通过精心设计的课后练习，读者可检查自己的学习效果。

- **提供素材、课件和视频。**完整的素材可方便学生根据书中内容进行上机练习；适应教学要求的课件可减少老师备课的负担；精心录制的视频可方便老师在课堂上演示实例的制作过程。所有这些内容，读者都可从网上下载。

- **控制各章篇幅和难易程度。**对各书内容的要求为：以实用为主，够用为度。严格控制各章篇幅和实例的难易程度，从而照顾老师教学的需要。

 本书内容

- 第 1 章：介绍与 CorelDRAW 相关的基本常识，CorelDRAW X4 的工作界面以及基本操作。

- 第 2 章：介绍绘制几何图形、基本形状、图纸和螺纹的方法。

- 第 3 章：介绍绘制普通线条、艺术线条、流程线和尺度线的方法。

- 第 4 章：介绍对象、几何图形、曲线、路径和轮廓的概念，以及使用"形状工具"编辑路径，修饰与修整路径，裁切与擦除对象的方法。

- 第 5 章：介绍编辑轮廓线以及颜色与图案的填充方法。

- 第 6 章：介绍变换、复制、再制与删除对象的方法，撤销、重做、还原与重复操作以及如何使用辅助工具。

- 第 7 章：介绍群组、解散群组、结合、拆分、对齐、分布、锁定对象的方法，以及如何调整对象顺序和使用图层控制对象的方法。

- 第 8 章：介绍输入美术字与段落文本，文本编辑与格式设置，设置首字下沉与使用项目符号，查找与替换文本，沿路径或图形排列文本，将美术字转换为曲线图形，使用样式与插入特殊字符、符号的方法。

- 第 9 章：介绍交互式工具组以及复制效果和克隆效果命令的用法。

- 第 10 章：介绍应用透镜、透视与浮雕效果的方法，裁剪与调整对象颜色与色调的方法。

- 第 11 章：介绍导入与编辑位图的方法以及滤镜的应用。

- 第 12 章：介绍打印输出的方法。

 **本书适用范围**

本书可作为中、高等职业技术院校，以及各类计算机教育培训机构的专用教材，也可供广大初、中级电脑爱好者自学使用。

 本书课时安排建议

章　名	重点掌握内容	教学课时
第 1 章　初识 CorelDRAW X4	1. 与 CorelDRAW 相关的基本常识 2. CorelDRAW X4 基本操作	2 课时
第 2 章　绘制几何图形	1. 绘制规则图形	2 课时
第 3 章　绘制线条和不规则图形	1. 绘制普通线条 2. 绘制艺术线条	2 课时
第 4 章　编辑路径与对象	1. 对象与路径的概念 2. 使用"形状工具"编辑路径 3. 使用"造型"命令	2 课时
第 5 章　轮廓与填充	1. 编辑轮廓线 2. 填充纯色、渐变色、图案与纹理	3 课时
第 6 章　对象编辑与辅助工具的使用	1. 变换、复制、删除对象 2. 撤销、重做操作 3. 使用辅助工具	2 课时
第 7 章　组织与安排对象	1. 群组、解散群组、结合与拆分对象 2. 调整对象顺序、对齐与分布对象 3. 锁定与使用图层控制对象	3 课时
第 8 章　应用文本	1. 输入与编辑文本 2. 按路径与图形内部排列文本 3. 将文本转换成曲线图形	4 课时
第 9 章　应用交互式效果	1. 使用交互式工具组 2. 复制与克隆效果	3 课时
第 10 章　应用特殊效果	1. 制作透视效果 2. 裁剪对象 3. 调整对象颜色与色调	3 课时
第 11 章　位图的导入与编辑	1. 导入与编辑位图 2. 应用滤镜	4 课时
第 12 章　打印输出	1. 打印文件 2. 输出前准备与网络输出	2 课时

课件、素材下载与售后服务

　　本书配有精美的教学课件和视频，并且书中用到的全部素材和制作的全部实例都已整理和打包，读者可以登录我们的网站（http://www.bjjqe.com）下载。如果读者在学习中有什么疑问，也可登录我们的网站去寻求帮助，我们将会及时解答。

 本书作者

　　本书由北京金企鹅文化发展中心策划，甘登岱、关方、孙菲任主编，韦莉超、黄园、罗蓓蓓、朱丽静任副主编，并邀请一线职业技术院校的老师参与编写。主要编写人员有：郭玲文、姜鹏、白冰、郭燕、丁永卫、常春英、孙志义、顾升路、贾洪亮、单振华、侯盼盼等。

编　者

2009 年 10 月

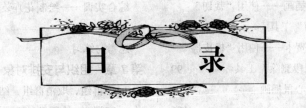

目　录

第 1 章　初识 CorelDRAW X4

【本章导读】

　　CorelDRAW X4 是 Corel 公司推出的一款非常优秀的矢量图形设计软件，它以其强大的矢量绘画、文字处理与排版功能，简便实用的编辑方式，以及支持各种素材格式等优点，受到众多图形绘制人员、平面设计人员和爱好者的青睐。

【本章内容提要】

- ☑　CorelDRAW X4 工作界面
- ☑　CorelDRAW X4 文件操作
- ☑　显示调整与页面设置
- ☑　选取、旋转与倾斜对象

1.1　与 CorelDRAW 相关的基本常识

　　俗话说，万丈高楼平地起，学习也是如此。要学习 CorelDRAW，一些基本知识是大家必须掌握的。例如，什么是矢量图和位图，什么是像素和分辨率，什么是颜色模式，什么是图像文件格式等。

1.1.1　CorelDRAW X4 功能简介

- ● **强大的矢量绘画功能**：CorelDRAW 提供了种类繁多的绘图工具，还配备了一系列功能齐全的图形编辑工具，丰富多彩的填充工具，以及众多图形特效。因此，利用它可绘制各种漂亮的作品，如图 1-1 所示。

图 1-1　CorelDRAW 绘画作品

- **位图处理**：在 CorelDRAW X4 中，不仅可以编辑位图，改变位图的颜色模式，还可以利用系统提供的众多滤镜，对位图进行各种处理，如图 1-2 所示。

图 1-2　CorelDRAW 的位图处理功能

- **灵活多变的文字处理**：CorelDRAW 虽然是一个处理矢量图形的软件，但其处理文字的功能也很强大，可以制作出非常复杂的文字效果，如图 1-3 所示。

图 1-3　CorelDRAW 强大的文字处理功能

- **强大的排版功能**：与 Photoshop 相比，CorelDRAW 的另一特点是它具有强大的排版功能，用户可利用该软件设计出丰富的版式，如图 1-4 所示。
- **功能完备的组件**：自版本 9.0 之后，CorelDRAW 又添加了 PHOTO-PAINT、CAPTURE 等各种辅助软件，使整套软件更加完善，如图 1-5 所示。

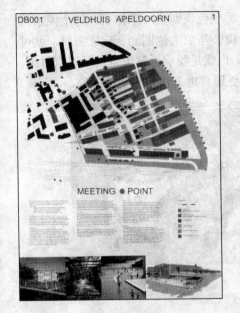

图 1-4　CorelDRAW 的排版功能

图 1-5　CorelDRAW X4 的组件

知识库

Corel PHOTO-PAINT X4 是一个位图图像处理程序，使用它可以创建和编辑位图图像；Corel Capture X4 是一个灵活的抓图软件，可以迅速捕捉屏幕上的画面，并将其保存以备使用；Duplexing Wizard 则为手动双面打印向导程序。

1.1.2　矢量图与位图

CorelDRAW 主要是制作矢量图的软件，但它的位图处理功能也是非常强大的。那什么是矢量图和位图呢？

- **矢量图**：主要由矢量绘图软件（如 Illustrator、CorelDRAW 和 AutoCAD）绘制而成，它与分辨率无关，也无法通过扫描获得。矢量图放大后，其图像质量不会发生任何改变，如图 1-6 所示。矢量图的另一优点是存储容量小，缺点是细节表现不够丰富。

图 1-6　局部放大矢量图后的效果

- **位图**：也叫点阵图。位图由许多色块组成，每个色块即为一个像素，每个像素只能显示一种颜色，像素是图像的最小组成单位。当放大位图到一定比例时，就可以看到图像中的像素，此时图像会变得模糊，也就是我们通常所说的马赛克效果，如图 1-7 所示。与矢量图形相比，位图可以更逼真地表现自然界的景物。

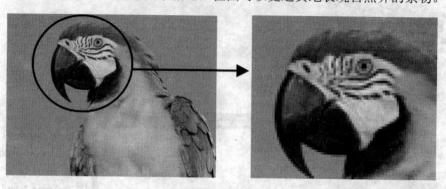

图 1-7 局部放大位图后的效果

我们平时拍摄的数码照片、扫描获得的图片都属于位图。

1.1.3 位图的分辨率

分辨率是指图像中每平方英寸所包含的像素数，其单位是 ppi（pixels per inch）。

分辨率与位图的质量有着密切的关系。当图像尺寸固定时，分辨率越高，意味着图像中包含的像素越多，图像也就越清晰。相应地，文件的尺寸也会越大。

反之，分辨率较低时，意味着图像中包含的像素越少，图像的清晰度自然也会降低。相应地，文件的尺寸也会变小。

1.1.4 常用文件格式

在 CorelDRAW 中可以打开或导入多种格式的文件，也可以将文档以所需格式进行存储或导出。下面简要介绍几种常用的文件格式：

- **CDR 格式**：是 CorelDRAW 专用的文件格式，其他图形、图像编辑软件无法编辑此类文件。该文件中可以同时包含矢量图形和位图对象，因而它是一种混合文件格式。
- **PSD 格式**：是 Photoshop 默认的文件格式，能保留图像制作过程中的很多细节（如图层、通道等），从而方便图像编辑。但是，也正因为这样，这种类型的文件尺寸比较大。
- **JPEG 格式**：能够在保存图像文件时大幅度地压缩图像数据，因而使用此格式的图像文件尺寸很小。但是，由于该格式在压缩图像数据时使用的是有损压缩算法，因而在还原图像显示时会降低图像的质量。该格式图像文件主要用于在电脑上显示，或者作为网页素材。

- **TIFF 格式：** 是目前最常用的无损压缩图像文件格式，几乎所有的图像编辑软件都支持它。
- **GIF 格式：** 该格式的最大优点是压缩率高并支持透明背景，例如在制作网页时，要使图像较好地与背景融合，应将该图像文件存储或导出为 GIF 格式。
- **DWG 格式：** 是 AutoCAD 的专用图形文件格式，可被 CorelDRAW 和 3ds Max 等软件调用编辑。
- **WMF 格式：** 是一种矢量图形文件格式，文件尺寸很小，可以在 CorelDRAW、Illustrator 中使用。
- **EPS 格式：** 是用 PostScript 语言描述的图形文件格式，可以保存色调曲线、Alpha 通道、分色、剪辑路径、挂网等信息，在 PostScript 图形打印机上能打印出高品质的图形和图像，多用于印刷或打印输出。
- **AI 格式：** 是 Illustrator 专用的图形文件格式。
- **PDF 格式：** 通用于各种操作平台，用这种格式制作的电子读物美观、便于浏览、安全可靠、易于传输与储存，是在 Internet 上进行电子出版物发行和数字化信息传播的理想文档格式。

1.1.5 常用色彩模式

色彩模式是使用数字描述颜色的一种算法。在 CorelDRAW X4 中，常用的色彩模式有以下几种：

- **RGB 模式：** 是使用最广泛的一种色彩模式。在该模式下，图像颜色由红（R）、绿（G）、蓝（B）3 原色混合而成，通过调整 3 种颜色的比例就可表示不同的颜色。当所绘图形主要用于屏幕显示时，可采用该颜色模式。
- **CMYK 模式：** 即常说的四色印刷模式，在该模式下，图像颜色由青（C）、洋红（M）、黄（Y）和黑（K）4 种颜色混合而成。这是 CorelDRAW 默认的颜色模式。
- **Lab 模式：** 该颜色模式是同前所有颜色模式中包含色彩范围最广的颜色模式，可表现所有人眼可识别的颜色，并能在不同系统和软件之间做无损转换。它使用 L 通道表示亮度，用 a 通道和 b 通道表示颜色。

> 每种颜色模式能表示的颜色范围称为色域。RGB 颜色模式的色域要大于 CMYK 颜色模式的色域。

- **黑白模式：** 只有黑和白两种色值。
- **灰度模式：** 该颜色模式由从黑到白的 256 种灰度色阶组成。当彩色图像转换为灰度图像时，图像中的色相及饱和度等色彩信息被删除，只留下亮度信息。当灰度值为 0（最小值）时，生成的颜色是黑色；当灰度值为 255（最大值）时，生成的颜色是白色。

● **索引模式**：使用该模式时，整幅图像中最多包含 256 种颜色。因此，使用该颜色模式有助于减小图像文件的尺寸，但其可基本保持视觉品质不变，因此应用该颜色模式的图像多用于作为多媒体动画及网页素材。

1.2 CorelDRAW X4 入门

在学习使用 CorelDRAW X4 前，我们先看看它是如何启动和退出的，它的界面都由哪些部分组成，界面中各元素的用途是什么。

实训 1 熟悉工作界面

【实训目的】
● 了解启动 CorelDRAW X4 的方法。
● 熟悉 CorelDRAW X4 工作界面组成及工具栏的调整方法。

【操作步骤】

步骤 1▶ 安装好 CorelDRAW X4 程序后，要进入 CorelDRAW 系统，只需单击 按钮，在弹出的菜单中选择"所有程序" > "CorelDRAW Graphics Suite X4" > "CorelDRAW X4"选项，如图 1-8 所示。

图 1-8　启动 CorelDRAW X4 程序

知识库

　　为加快启动 CorelDRAW X4 的速度，我们还可以为 CorelDRAW X4 创建桌面快捷方式。其方法是：单击"开始"按钮，打开"开始"菜单，选择"所有程序" > "CorelDRAW Graphics Suite X4"子菜单，然后右击"CorelDRAW X4"菜单项，从弹出的快捷菜单中选择"发送到" > "桌面快捷方式"即可，如图 1-9 所示。创建桌面快捷方式后，只需双击桌面快捷方式图标，就可以快速启动 CorelDRAW X4 了。

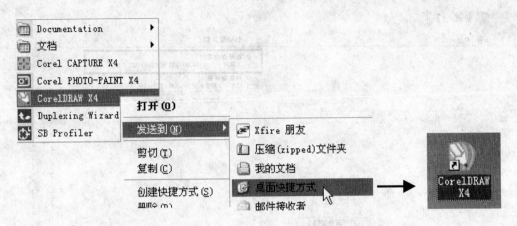

图 1-9　为 CorelDRAW X4 创建桌面快捷方式

步骤 2▶　首次启动 CorelDRAW X4 时，屏幕上会出现如图 1-10 所示的欢迎窗口，单击"快速入门"超链接，打开"快速入门"页面，在"启动新文档"选项区域中单击"新建空白文档"选项，如图 1-11 所示，即可进入 CorelDRAW X4 的工作界面，并依据预设值创建一个空白的绘图页面。

图 1-10　CorelDRAW X4 欢迎窗口

知识库

　　在欢迎窗口中取消"启动时始终显示欢迎窗口"复选框的勾选，则再次启动 CorelDRAW X4 时，将不会再打开欢迎窗口，如图 1-11 所示。

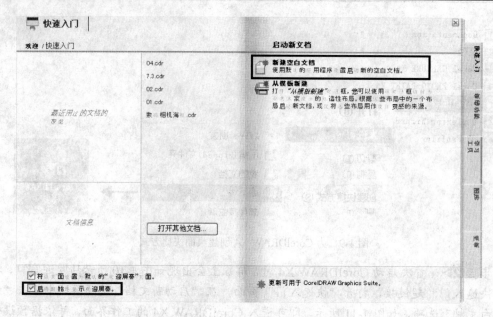

图 1-11 "快速入门"页面

步骤 3▶ CorelDRAW X4 的工作界面中主要包含了标题栏、菜单栏、工具栏、属性栏、工具箱、状态栏、标尺以及调色板等内容，如图 1-12 所示。

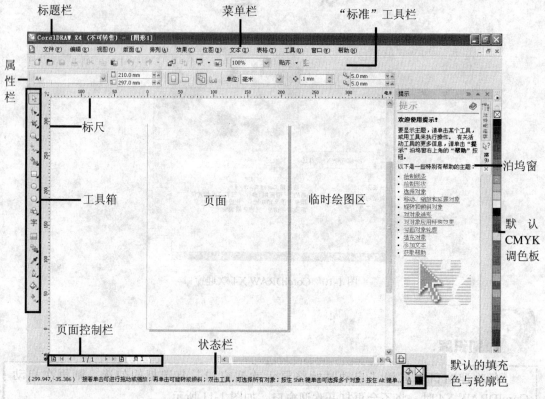

图 1-12 CorelDRAW X4 的工作界面

- **标题栏**：位于窗口的顶部，显示了应用程序名称和当前文件名，以及用于控制程序窗口显示的窗口最小化按钮 、窗口最大化按钮 （当窗口处于最大化状态时显示为还原窗口按钮 ）和关闭窗口按钮 。

- **菜单栏**：CorelDRAW X4 的菜单栏由"文件"、"编辑"、"视图"、"版面"、"排列"、"效果"、"位图"、"文本"、"表格"、"工具"、"窗口"和"帮助"等菜单项组成，几乎包含了 CorelDRAW 的所有操作命令。要使用菜单中的命令，只需单击相应的菜单项，然后在弹出的列表中进行选择即可，如图 1-13 所示。

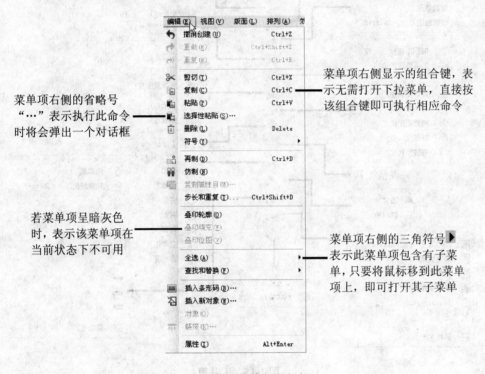

图 1-13　使用菜单中的命令

- **"标准"工具栏**：是由一组图标按钮组成，它们是一些常用菜单命令的按钮化表示，通过单击这些按钮即可执行相应的命令，从而大大提高了工作效率。当鼠标指向某个图标按钮时，在其下方会出现该按钮的功能说明。

- **属性栏**：用于显示、设置文档和所选工具或对象的参数。属性栏中的选项会根据所选工具或对象的不同而改变。图 1-14 显示了选中矩形对象时的属性栏。

图 1-14　选中矩形对象时的属性栏状态

- **工具箱**：位于窗口的左侧，包含了一系列常用的绘图、编辑工具。其中，有些工具图标的右下角有一个小黑三角形，代表该工具包含一个工具组。用户可通过单击小黑三角，打开这个工具的同位工具组选择所需的工具，如图 1-15 所示。

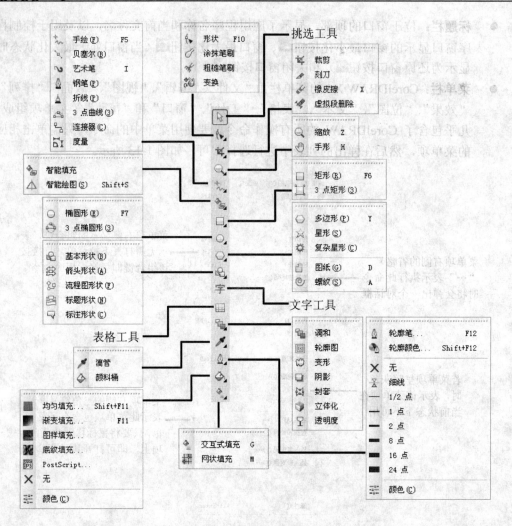

图 1-15　工具箱

- **页面**：页面是进行绘图、编辑操作的主要工作区域。

> 选择"视图">"显示"菜单中的适当选项，可控制页面四周标识线的显示方式，默认只显示"页边框"，通过选择"出血"与"可打印区"选项，还可显示出血线与可打印区域标识线。

- **页面控制栏**：位于绘图区的左下角，显示了 CorelDRAW 文件当前页码、所包含的总页数等信息。利用页面控制栏可以增加、删除、切换或重命名页面，如图 1-16 所示。

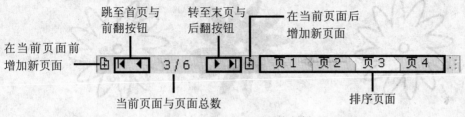

图 1-16 页面控制栏

● **状态栏：**位于窗口的底部，用来显示当前操作的简要帮助，所选对象的有关信息，以及当前光标所在的位置。

● **调色板与泊坞窗：**CorelDRAW 为用户提供了提供了多种形式的调色板，以方便用户选取颜色；另外，系统还提供了多种功能的泊坞窗。泊坞窗近似于对话框，是一种包括了各种操作按钮、编辑框和列表框的操作面板，以方便用户执行各种编辑操作。分别选择"窗口">"调色板"和"窗口">"泊坞窗"菜单，即可看到它们，如图 1-17 所示。

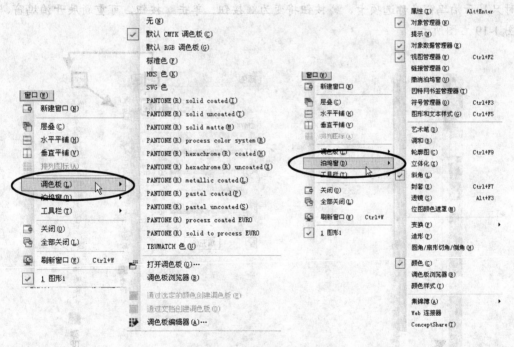

图 1-17 调色板与泊坞窗

步骤 4▶ 默认情况下，"默认 CMYK 调色板"显示在程序窗口的最右侧。选中对象后，用鼠标左键单击调色板中的色块可为所选对象设置填充色，用鼠标右键单击其中的色块可为所选对象设置轮廓色，如图 1-18 所示。如单击或右击最上方的⊠，则可取消将所选对象的填充色或轮廓色，如图 1-19 左图所示。

图 1-18　使用调色板填充与描边对象

步骤 5▶　如果当前调色板中没有自己所需的颜色，可单击调色板下方的 ✓ 按钮或上方的 ∧ 按钮滚动调色板。另外，单击调色板下方的 ◀ 按钮，还可展开调色板，如图 1-19 左图所示。展开调色板后，在调色板以外的任意位置单击，可重新恢复调色板。

步骤 6▶　泊坞窗位于绘图区的右侧，"默认 CMYK 调色板"的左侧。打开多个泊坞窗时，其名称均以选项卡的形式显示在泊坞窗的右侧，单击各泊坞窗名称，可在各泊坞窗之间切换。

步骤 7▶　单击泊坞窗左上角的双箭头 »，可使泊坞窗最小化，从而扩大绘图空间，此时只显示泊坞窗名称选项卡，» 按钮将变为 « 按钮。单击 « 按钮，可重新展开泊坞窗，如图 1-19 右图所示。

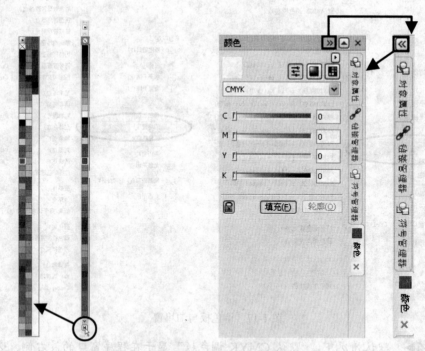

图 1-19　调色板和泊坞窗的展开与收缩

步骤 8▶　默认情况下，CorelDRAW X4 操作界面中只显示菜单栏、"标准"工具栏、工具箱、属性栏、调色板和状态栏。通过选择"窗口">"工具栏"菜单，在显示的子菜单中选择要显示或隐藏的工具栏名称可以显示或隐藏工具栏，如图 1-20 所示。

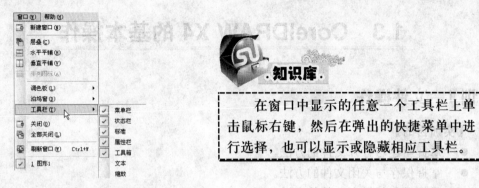

图 1-20　选择要显示的工具栏

在窗口中显示的任意一个工具栏上单击鼠标右键，然后在弹出的快捷菜单中进行选择，也可以显示或隐藏相应工具栏。

步骤 9▶　在 CorelDRAW 中，工具栏包括两种状态：一种是固定状态，此时工具栏必须位于窗口的上、下或左、右边缘，且不显示工具栏的标题栏，如图 1-21 左图所示；一种是浮动状态，此时工具栏独立存在并显示标题栏，可处于窗口中的任意位置，如图 1-21 右图所示。

步骤 10▶　要设置工具栏为浮动状态，只需将光标移至工具栏左侧或上方的控制手柄上单击并拖动鼠标，至绘图区中的任意位置后释放鼠标，即可使其处于浮动状态，如图 1-21 所示。

图 1-21　设置工具栏为浮动状态

步骤 11▶　工具栏被设置为浮动状态后，利用鼠标单击并拖动工具栏右侧边界，即可改变其大小，如图 1-22 所示。

图 1-22　改变工具栏的大小

步骤 12▶　当工具栏为浮动状态时，单击其标题栏并拖动，可移动浮动工具栏的位置；若要取消工具栏的浮动状态或恢复其默认位置，可双击工具栏的标题栏。

1.3　CorelDRAW X4 的基本操作

实训 1　文件操作

【实训目的】

- 掌握新建与打开文件的方法。
- 掌握保存与关闭文件的方法。
- 掌握导入与导出文件的方法。

【操作步骤】

步骤 1▶　启动 CorelDRAW X4 程序后，要展开工作，首先需要创建新文件或打开已存文件。要创建新文件，可以选择"文件">"新建"菜单，或按【Ctrl+N】组合键，或单击"标准"工具栏中的"新建"按钮，即可创建新的空白文件，如图 1-23 所示。

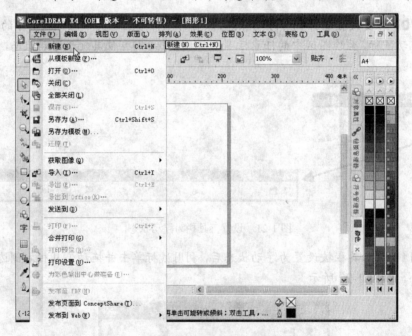

图 1-23　新建空白文件

　　在 CorelDRAW X4 中，也可以利用系统自带的模板创建新文档，并以该模板为基础，继续进行其他编辑操作。选择"文件">"从模板新建"菜单，打开图 1-24 左图所示的"从模板新建"对话框，在其中选择模板类型，如选择"名片"，在"模板"列表区域中选择一款名片模板，单击"打开"按钮<span></span>，即可创建新名片文件，如图 1-24 右图所示。

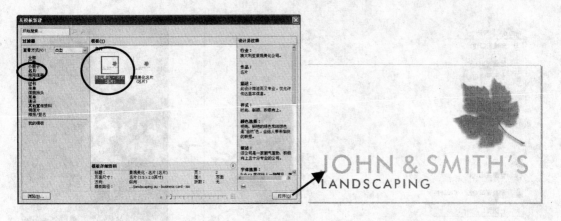

图 1-24　从模板创建新文件

步骤2▶ 要打开文件，可选择"文件">"打开"菜单，或按【Ctrl+O】组合键，或单击"标准"工具栏中的"打开"按钮，打开如图 1-25 左图所示"打开绘图"对话框，在其中的"查找范围"下拉列表中选择文件存放的路径，在列表框中选择需要打开的文件（本书配套素材"素材与实例"\"Ph1"文件夹中的"01.cdr"），单击"打开"按钮，即可打开文件，如图 1-25 右图所示。

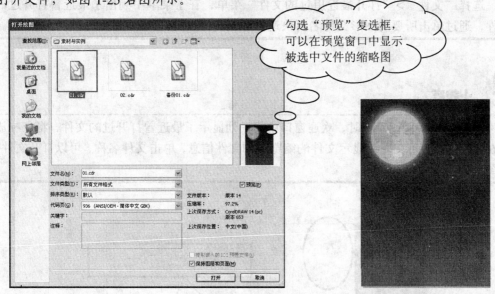

图 1-25　打开文件

步骤3▶ 按【Ctrl+A】组合键，全选页面中的所有对象，然后按【Ctrl+C】组合键将对象复制。打开"窗口"菜单，然后在其中选择前面新建的文件名称，如图 1-26 所示，并切换到该文件窗口，按【Ctrl+V】组合键，将复制的内容粘贴到页面中。

步骤4▶ 按照步骤 2 所示的方法，打开本书配套素材"素材与实例"\"Ph1"文件夹中的"02.cdr"图形文件，并将文件中的对象复制到新文件窗口中，如图 1-27 右图所示。这样，简简单单的几步操作就能完成一幅精美的作品。

图 1-26　选择新建的文件名称　　　　　　图 1-27　对素材图片进行复制与粘贴操作

　　选择"文件">"打开最近用过的文件"菜单，在子菜单中列出了最近曾打开过的文件，通过单击所要的图形文件名可快速打开该文件。

　　启动 CorelDRAW X4 时，欢迎窗口中间一列显示了最近曾打开过的文件，将光标放置在文件名上，可在左侧显示文件的缩览图和文件信息，单击文件名称，可以打开文件，如图 1-28 所示。

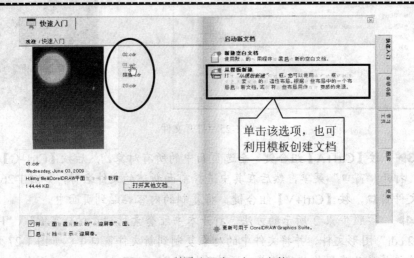

图 1-28　利用欢迎窗口打开文件

步骤 5▶　新文件编辑好后，选择"文件">"保存"菜单，或按【Ctrl+S】组合键，或单击"标准"工具栏上的"保存"按钮，打开图 1-29 所示的"保存绘图"对话框，在"保存在"下拉列表中选择文件要保存的位置，在"文件名"编辑框中输入文件名称，在"保存类型"下拉列表中选择要保存的类型（默认文件格式为 CDR），单击"保存"按钮，即可将新文件保存，以备随时调用。

图 1-29　"保存绘图"对话框

　　如果要存储的文档不是新建文档，则执行上述操作时，系统将不会打开"保存绘图"对话框。不过，如果希望重命名后保存文档，或将文档保存在其他文件夹中，可选择"文件">"另存为"菜单或按【Ctrl + Shift+S】组合键，此时系统仍会打开"保存绘图"对话框。

步骤 6▶　保存结束后，要关闭当前绘图文件，选择"文件">"关闭"菜单即可。

步骤 7▶　当不需要使用 CorelDRAW X4 程序时，可以采用以下几种方法退出程序，退出程序时，当前打开的所有文件将一同关闭。

● 直接单击程序窗口标题栏右侧的"关闭"按钮。
● 选择"文件">"退出"菜单，或者按【Alt+F4】组合键退出程序。
● 双击标题栏上的程序图标，也可退出 CorelDRAW X4 系统。

　　如果对文件做了修改却尚未保存，则执行关闭文件或退出程序操作时，系统将会出现如图 1-30 所示提示对话框，询问是否要保存对该文件所做的修改。单击"是"表示保存并关闭文件，单击"否"表示关闭文件但不保存文件，单击"取消"表示取消关闭文件操作。

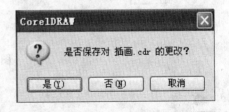

图 1-30　提示对话框

步骤 8▶　在 CorelDRAW 中，使用"导入"命令可以将其他非 CorelDRAW 格式的文件导入到 CorelDRAW 文档中。选择"文件">"导入"菜单，或单击"标准"工具栏中的

"导入" 按钮,或按【Ctrl+I】组合键,打开图 1-31 左图所示的 "导入" 对话框。

步骤 9▶ 在 "导入" 对话框中选择要导入的文件("素材与实例" \ "Ph1" \ "03.psd"),单击 "导入" 按钮,则 "导入" 对话框被关闭,并且光标将变为如图 1-31 右图所示形状。

图 1-31 "导入" 对话框和导入文件后的光标形状

步骤 10▶ 将光标移至页面适当位置单击并拖动,以确定导入图像的尺寸(如图 1-32 左图所示),至合适大小并释放鼠标,即可将外部文件以所需的尺寸导入到页面中,如图 1-32 中图所示。

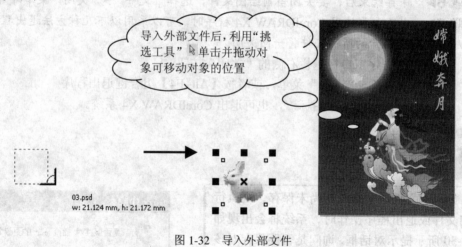

图 1-32 导入外部文件

在导入文件时,如果直接在页面中单击鼠标,则文件将以原尺寸导入。

步骤 11▶ 利用 "导出" 命令可将制作的 CorelDRAW 文档以不同的文件类型(格式)

输出并保存到磁盘中。选择"文件">"导出"菜单或单击"标准"工具栏中的"导出"按钮，或按【Ctrl+E】组合键，打开如图 1-33 所示的"导出"对话框。

步骤 12 在"导出"对话框中选择保存导出文件的文件夹，输入导出文件名并选择导出文件格式，然后单击"导出"按钮，即可导出文件。

知识库

如选择文件导出格式为位图文件格式，例如 JPG 格式，则单击"导出"按钮后，将弹出"转换为位图"对话框，在此可设置位图文件的属性，如图 1-34 所示。

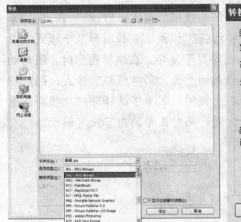

图 1-33 "导出"对话框   图 1-34 "转换为位图"对话框

实训 2 显示调整

【**实训目的**】
- 了解切换、排列窗口与调整视图显示模式的方法。
- 掌握缩放与平移视图的方法。
- 了解预览图形的方法。

【**操作步骤**】

步骤 1 在进行绘图创作时，往往要打开多个文件窗口，如果在打开的多个窗口间切换，可执行下列操作之一：
- 直接在要选定的窗口中单击，使其成为当前窗口。
- 按下【Ctrl+Tab】组合键，可在多个窗口间切换。
- 选择"窗口"菜单项，在弹出的菜单列表底部选择要切换的文件名称。

步骤 2 当打开多个文件窗口时，屏幕可能会显得有些零乱。为此，用户可通过选择"窗口"菜单中的"层叠"、"水平平铺"、"垂直平铺"菜单项，来改变文件窗口的显示状态，如图 1-35 所示。

层叠窗口

垂直平铺窗口

图 1-35　调整文件窗口排列

步骤 3▶　在 CorelDRAW X4 中，系统提供了"简单线框"模式、"线框"模式、"草稿"模式、"正常"模式、"增强"模式和"使用叠印增强"模式这 6 种图形显示模式，以适应不同的工作场合，如图 1-36 所示。例如，如果图形过于复杂，在编辑图形时，图形的显示速度会比较慢，此时可根据需要将图形的显示模式调整为"简单线框"模式、"线框"模式或"草稿"模式。要设置图形显示模式，只需在"视图"菜单下选择即可。值得注意的是，图形显示模式只是改变图形在屏幕上的显示方式，而对图形的内容没有影响。

"简单线框"模式　　"线框"模式　　"草稿"模式

纹理
渐变色
PostScript 图案
图案

"正常"模式　　"增强"模式　　"使用叠印增强"模式

图 1-36　6 种显示模式效果

- **"简单线框"模式：** 在该模式下只显示图形对象的轮廓，不显示填充、立体化、调和等效果。此外，位图在该显示模式下全部显示为灰度图。
- **"线框"模式：** 该模式与"简单线框"显示模式类似，只是显示艺术线条和变形对象（渐变、立体化、轮廓效果）的轮廓。
- **"草稿"模式：** 该模式以低分辨率显示所有图形对象及其填充效果。其中，渐变填充以单色显示，图样、底纹和 PostScript 底纹填充等均以一种基本图案显示，滤镜效果以普通色块显示。
- **"正常"模式：** 该模式可以显示除 PostScript 图案以外的所有填充。其中，PostScript 图案以"PS"字母代替。

- **"增强"模式：** 该模式以高分辨率显示所有图形对象，并使它们尽可能地圆滑。
- **"使用叠印增强"模式：** 该模式下可以直观地预览套印效果。

步骤 4▶ 利用工具箱中的"缩放"工具 ![] 可以缩放视图，具体操作如下：

- **放大视图显示：** 选择"缩放"工具 ![] 后，光标将变为 ![] 形状，在绘图页面单击即可以单击处为中心放大绘图页面；如果用鼠标单击并沿对角线方向拖动鼠标，则释放鼠标按钮后，将放大被框选的目标区域，如图 1-37 所示。
- **缩小视图显示：** 选择"缩放"工具 ![] 后，在绘图页面中单击鼠标右键，或在按下【Shift】键的同时在页面上单击鼠标左键，将以单击处为中心缩小画面显示，如图 1-38 所示。
- 在操作窗口中向前或向后滚动鼠标滚轮可以鼠标光标为中心放大或缩小视图。

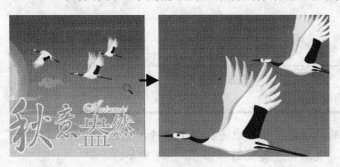 

图 1-37　局部放大视图　　　　　　　　图 1-38　缩小视图显示

利用"缩放"工具 ![] 的属性栏，可以执行更多的显示比例控制操作，如图 1-39 所示。另外，在"标准"工具栏中的"缩放级别"编辑框中输入数值或在下拉列表中选择所需的缩放比例，也可精确设置视图显示比例。

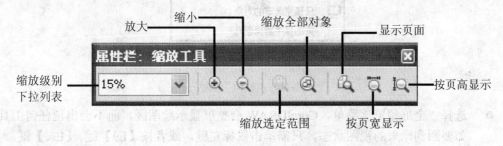

图 1-39　"缩放"工具属性栏

步骤 5▶ 当视图超出显示窗口时，可选择"手形"工具 ![] 平移视图，单击"缩放"工具 ![] 右下角的小黑三角，在弹出的列表中选择"手形"，此时光标变为 ![] 形状，单击并顺着要移动的方向拖动鼠标，即可移动画面显示，如图 1-40 所示。如果此时单击鼠标右键，可缩小视图显示。

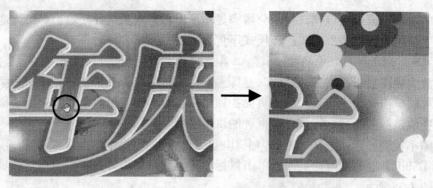

图 1-40 使用"手形"工具移动绘图页面

使用鼠标单击水平滚动条的 ◄ 、 ► 按钮或垂直滚动条的 ▲ 、 ▼ 按钮，或者单击并拖动滚动条中的滑块，同样可以移动绘图画面。

步骤 6► 在 CorelDRAW X4 的"视图"菜单中还提供了 3 种预览显示方式，即"全屏预览"、"只预览选定的对象"和"页面排序器视图"，如图 1-41 所示。

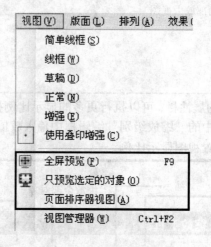

图 1-41 "视图"菜单

● 选择"全屏预览"菜单，CorelDRAW 会整屏显示绘图区，而不会出现任何工具。如要回到原来的视图状态，只需单击鼠标左键，或者按【F9】键、【Esc】键。
● 选择"只预览选定的对象"菜单，仅将所选对象进行全屏预览。如果未选择任何对象，则选择该菜单后，只显示一个空白的页面。
● 选择"页面排序器视图"菜单，可以对文档中包含的所有页面进行预览，如图 1-42 所示。如要返回正常显示状态，只需再次选择"视图">"页面排序器视图"菜单，或单击属性栏中的"页面排序器视图"按钮 🔲。

实训 3 页面设置

在 CorelDRAW X4 中，通过选择"版面"菜单中的适当选项，以及利用属性栏和页面控制栏，可以方便地完成版面的设置，如图 1-43 所示。

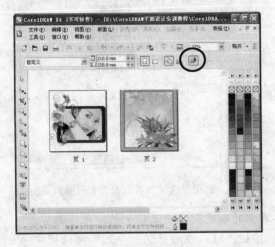

图 1-42 页面排序器视图

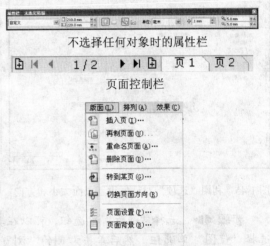

图 1-43 属性栏、页面控制栏和"版面"菜单

【实训目的】
● 掌握设置页面大小和方向的方法。
● 了解更改页面背景的方法。
● 掌握切换、插入、删除和重命名页面的方法。

【操作步骤】

步骤 1▶ 默认状态下，创建的新文档页面规格为 A4（即 210mm×297mm），页面方向为纵向。要改变页面大小，可以在属性栏中的页面规格下拉列表中进行选择，或者直接利用页面尺寸编辑框修改页面尺寸；单击属性栏中的"纵向"按钮□和"横向"按钮□，可以切换页面方向，如图 1-44 所示。

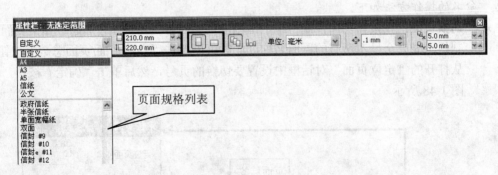

图 1-44 利用属性栏设置页面大小和方向

步骤 2▶ 除了使用属性栏设置页面大小和方向外，还可通过选择"版面" > "页面设置"菜单，在弹出的"选项"对话框中设置所需的页面大小和方向，如图 1-45 所示。

步骤 3▶　默认状态下，文档页面的背景为无（即纯白）。根据设计需要可更改页面背景，选择"版面">"页面背景"菜单，打开图 1-46 所示"选项"对话框。

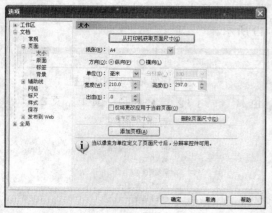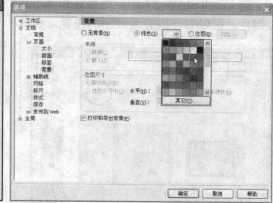

图 1-45　利用"选项"对话框设置页面大小和方向　　图 1-46　利用"选项"对话框设置页面背景

步骤 4▶　选择"纯色"单选钮，可以在其右侧的颜色列表中选择一种纯色作为背景；选择"位图"单选钮，然后单击右侧的"浏览"按钮，可以在打开的"导入"对话框中导入一幅位图作为页面背景。图 1-47 所示为设置页面背景为纯色和位图效果。

图 1-47　使用纯色或位图作为页面背景效果

步骤 5▶　在 CorelDRAW X4 中，一个文档可以包含多个页面，对页面进行切换、删除或重命名的操作方法如下：

- **切换页面：** 直接在页面控制栏中单击相应页面即可。当页面较多时，如果页面控制栏不能完全显示所有的页面名称，此时可以单击"当前页面/页面总数"按钮，从打开的"定位页面"对话框中设置要切换的页号，然后单击"确定"按钮，如图 1-48 所示。

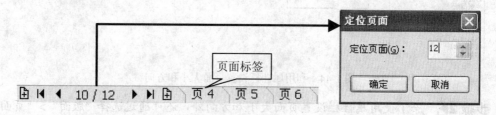

图 1-48　定位页面

- **插入页面：**要在任意页面前或后插入页面，可直接单击该页面的标签，然后在页面控制栏中单击左侧或右侧的符号 ；或者直接右击该页面，然后在弹出的快捷菜单中选择"在后面插入页"或"在前面插入页"菜单项，如图 1-49 所示。
- **插入多个页面：**如果要一次插入多个页面，或者插入不同于前面页面规格的页面，可选择"版面">"插入页"菜单，打开如图 1-50 所示"插入页面"对话框，在其中可以设置插入的页数、插入位置、页面方向，以及页面规格等属性。
- **删除与重命名页面：**要删除或重命名页面，可直接右击该页面标签，然后在弹出的快捷菜单中选择"删除页面"或"重命名页面"。其中，在选择"重命名页面"选项后，将弹出"重命名页面"对话框，在其中输入页面的新名称，单击"确定"按钮即可。

图 1-49　使用页面控制栏插入或删除页面

图 1-50　"插入页面"对话框

1.4　选取、旋转与倾斜对象

选取对象是 CorelDRAW 中最常用的操作。在编辑处理一个对象之前，必须先选取该对象。对象的选取方法有多种，下面分别介绍。

实训 1　绘制花卉插画

【实训目的】
- 掌握选取对象的方法。
- 掌握旋转和倾斜对象的方法。

【操作步骤】

步骤 1▶　打开本书配套素材"素材与实例"\"Ph1"文件夹中的"04.cdr"文件，如图 1-51 所示。

步骤 2▶　在工具箱中选择"椭圆形"工具 ，在绘图区域中单击鼠标左键并向右下方拖动鼠标（此时光标呈 形状），释放鼠标后即可绘制椭圆形，如图 1-52 所示。

步骤 3▶　此时 CorelDRAW 会自动将所绘对象选取，被选取对象的周围和中间会出现 9 个手柄，如图 1-52 右图所示。

图 1-51　打开素材图片

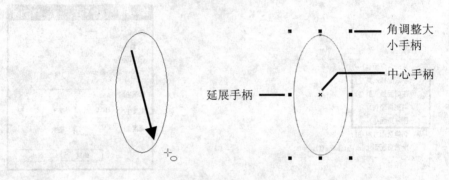

图 1-52　绘制椭圆形

步骤4▶　单击并拖动中心手柄 ✖（此时光标呈 ✚ 形状）将椭圆形移动到图中的红色椭圆形上，如图 1-53 左图所示。

步骤5▶　单击并拖动角调整大小手柄，将椭圆形调整到图 1-53 右图所示的大小。

步骤6▶　单击工作界面右侧调色板中的白色方块，为椭圆形填充白色，如图 1-54 所示。

图 1-53　移动并调整椭圆形大小

图 1-54　为椭圆形填充白色

步骤 7▶　用鼠标在绘图页面的其他位置单击或按【Esc】键，取消对象的选取状态。

步骤 8▶　在工具箱中选择"挑选"工具 ，在图 1-55 所示的花朵上单击一下，选取花朵图形。

步骤 9▶　再次单击花朵图形，此时其周围的方形手柄将变成角旋转手柄和边倾斜手柄。单击并拖动四角的角旋转手柄（此时光标呈 ↻ 形状）将图形旋转，如图 1-56 所示。

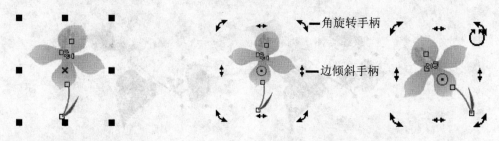

图 1-55　选取花朵图形　　　　　　　　图 1-56　旋转花朵图形

步骤 10▶　将光标移动到花朵左边的边倾斜手柄上（此时光标呈 ‡ 形状）向上拖动鼠标将图形倾斜，如图 1-57 所示。

图 1-57　倾斜花朵图形

步骤 11▶　将光标放置在花朵图形中（此时光标呈 ✛ 形状），单击鼠标并拖动，将其移至图 1-58 所示的位置。

步骤 12▶　在花朵与花枝的外围拖拽鼠标指针框选图形，释放鼠标后，被框选的对象即处于选取状态，如图 1-59 所示。用户也可按住【Shift】键，用鼠标单击各对象，即可同时选中多个图形。

图 1-58　移动花朵图形　　　　　　图 1-59　使用选取框选取多个对象

步骤 13▶ 选择"排列">"群组"菜单，或按【Ctrl+G】组合键，将选取的所有对象群组。此时单击群组对象中的任一对象，群组中的所有对象都会同时被选取。

步骤 14▶ 按住【Ctrl】键，然后单击图像最左边的叶子，此时叶子周围的手柄将变为小圆点，以表示该图形是群组对象的一部分，如图 1-60 左图所示。

步骤 15▶ 将叶子向下移动并调整其大小，如图 1-60 右图所示。

图 1-60 选取、移动与放大群组中的单个对象

步骤 16▶ 单击群组中的其他对象可选中整个群组对象，然后旋转并移动到图 1-61 所示的位置。

步骤 17▶ 选择"编辑">"全选">"文本"菜单，全选所有文字，然后将其移动到图 1-62 右图所示的位置。

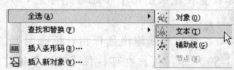

图 1-61 旋转并移动群组对象   图 1-62 全选并移动文本

知识库

> 选择"编辑">"全选"菜单中的适当选项，可以分别选取文档中的所有对象、文本、辅助线和节点。
>
> 如要从一群重叠的对象中选取某一对象，只需按住【Alt】键不放，再使用鼠标反复单击最上层的对象，即可依次选取下面各层对象。

综合实训——设计生日贺卡

在本例中，我们将通过绘制如图 1-63 所示的生日贺卡来练习前面所学内容，制作本实例主要运用了"新建"与"打开"命令新建与打开文件，并通过切换页面与复制对象来完成。

步骤1▶ 按【Ctrl+N】组合键，新建一个空白文档，然后在属性栏中设置页面的"高度"和"宽度"分别为 140mm、230mm，如图 1-64 所示。

图 1-63 生日贺卡效果图　　　　　　图 1-64 利用属性栏更改页面尺寸

步骤2▶ 按【Ctrl+O】组合键，打开本书配套素材"素材与实例"\ "Ph1"文件夹中的"05.cdr"文件，该文件共包含 4 个页面。选择"视图" > "页面排序器视图"菜单，浏览文档中包含的所有页面，如图 1-65 所示。

页 1　　　　　　页 2　　　　　　页 3　　　　　　页 4

图 1-65 页面排序器视图

步骤3▶ 单击属性栏中的"页面排序器视图"按钮，将视图恢复为正常显示状态。确保"页 1"为当前页面，如图 1-66 左图所示。选择"编辑" > "全选" > "对象"菜单，选中"页 1"中的所有对象，按【Ctrl+C】组合键将选中的对象复制。

在页面排序器视图状态下，选择工具箱中的任意工具，也可以将视图恢复为正常显示状态。

步骤 4▶ 选择"窗口"菜单，在菜单栏下方选择新建文档名称，将新建文档设置为当前窗口，如图 1-66 右图所示，按【Ctrl+V】组合键将上步复制的内容粘贴到页面中。

图 1-66　切换页面

步骤 5▶ 选择"窗口"菜单，在列表下方选择"05.cdr"文件名称，将该文件窗口设置为当前窗口。单击页面控制栏中的"页 2"标签，切换到文档的第 2 页，如图 1-67 左图所示。依次按【Ctrl+A】、【Ctrl+C】组合键，将"页 2"中的所有对象复制。

步骤 6▶ 将新建文档文件设置为当前窗口，按【Ctrl+V】组合键将上步复制的内容粘贴到页面中，在工具箱中选择"挑选"工具，然后利用该工具单击并拖动复制的对象，将其放置在如图 1-67 右图所示位置。

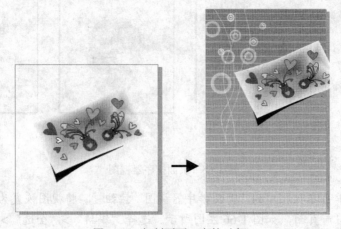

图 1-67　复制页面 2 中的对象

步骤 7▶ 将 "05.cdr" 文件设置为当前窗口，并切换到 "页 3" 页面，然后将页面中的所有对象复制粘贴到新建文档中，利用 "挑选" 工具 拖动对象四周的角点，将对象缩小并放置于如图 1-68 右图所示位置。

图 1-68 复制页面 3 中的对象并调整其尺寸

步骤 8▶ 将 "05.cdr" 文件设置为当前窗口，并切换到 "页 4" 页面，然后将页面中的所有对象复制粘贴到新建文档中，利用 "挑选" 工具 调整文本对象的位置，并参照如图 1-69 右图所示效果放置。至此，本例就制作好了。按【Ctrl+S】组合键，将文件保存。

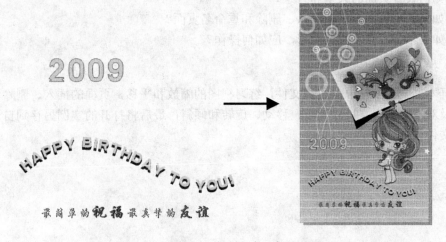

图 1-69 复制文本对象

本章小结

通过本章的学习，读者应了解 CorelDRAW X4 的界面，熟练掌握在 CorelDRAW 中新建、打开、保存、导入和导出文件的方法；掌握缩放和平移页面视图的方法，设置页面尺寸和页面背景的方法，新增、删除和重命名页面的方法，以及选取对象、调整对象尺寸和位置、旋转对象和倾斜对象的方法；知道矢量图与位图的区别，以及分辨率、色彩模式和文件格式的意义。

思考与练习

一、填空题

1. CorelDRAW X4 的工作界面主要由_____、_____、_____、_____、_____、_____、_____、_____组成。

2. 要打开泊坞窗，可以选择_____菜单。

3. 要使处于浮动状态的工具恢复到默认的固定位置，可以_____。

4. 常用的图形、图像文件格式有_____、_____、_____、_____、_____。

5. 常用的色彩模式有_____、_____、_____。

6. 如果希望按页面尺寸缩放页面，可以_____。

二、问答题

1. 矢量图形和位图有什么区别？

2. 如何设置页面的大小和背景？

3. 如何利用页面控制栏插入、删除和重命名页面？

4. 如果希望旋转和倾斜图形，应如何操作？

三、操作题

打开本书配套素材中的实训文件，练习视图的缩放和平移，页面的插入、删除和重命名，以及对象的选择、尺寸调整、移动、旋转和倾斜，最后将打开的实例另存到自己创建的某个文件夹中。

第 2 章 绘制几何图形

【本章导读】

CorelDRAW 的工具箱中提供了几组绘制几何图形的工具，利用它们可以轻而易举地绘制出矩形、圆角矩形、圆、椭圆、多边形、星形、螺纹、网格等各种图形，为我们绘图带来了极大的方便。

【本章内容提要】

- ☑ 矩形与椭圆形工具组的使用方法
- ☑ 图纸工具组的使用方法
- ☑ 基本形状工具组和"智能绘图"工具的使用方法

2.1 绘制规则图形

在 CorelDRAW X4 中，利用"矩形"工具▢和"3 点矩形"工具▢可以绘制出任意比例、方向的矩形、正方形及各种圆角矩形；利用"椭圆形"工具○和"3 点椭圆形"工具○可以绘制出椭圆、圆、饼形及弧形；利用"多边形"工具○可以绘制多边形；利用"星形"工具☆和"复杂星形"工具⚙可以绘制出传统外观的星形或复杂的星形。

实训 1 绘制笔记本——使用矩形与椭圆形工具组

【实训目的】

- ● 掌握"矩形"工具▢和"3 点矩形"工具▢的用法。
- ● 掌握"椭圆形"工具○和"3 点椭圆形"工具○的用法。

【操作步骤】

步骤 1▶ 下面通过绘制如图 2-1 所示的笔记本来学习绘制矩形和椭圆的方法。创建一个页面方向为横向的文件，双击工具箱中的"矩形"工具 ▢，系统自动生成一个与页面大小相同的矩形，如图 2-2 所示。若要绘制任意大小的矩形，可单击"矩形"工具 ▢，然后在页面中拖动鼠标进行绘制。

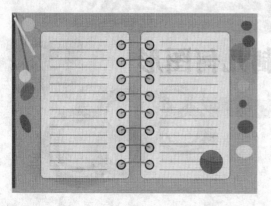

图 2-1　笔记本效果图

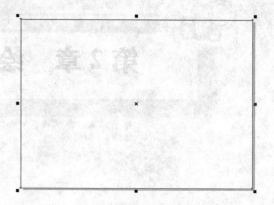

图 2-2　绘制矩形

如果在拖动鼠标的同时按住【Shift】键，则可以起点为中心绘制矩形。在绘制矩形时按住【Ctrl】键，可以绘制正方形；如果同时按住【Ctrl】键和【Shift】键，则可以起点为中心绘制正方形。

步骤 2▶ 选择"窗口">"调色板">"标准色"菜单，打开"标准色"调色板，用鼠标单击明绿色块来填充矩形，然后右键单击 ⊠ 图标，取消矩形的轮廓线颜色，如图 2-3 所示。

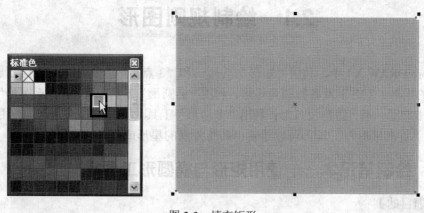

图 2-3　填充矩形

步骤 3▶ 选择"3 点矩形"工具 ▢，在页面中心底部按住鼠标左键不放并向上拖动，至合适位置，释放鼠标，确定矩形的一条边。向左平移鼠标并再次单击，确定矩形的另一个角点，完成矩形的绘制，如图 2-4 所示。

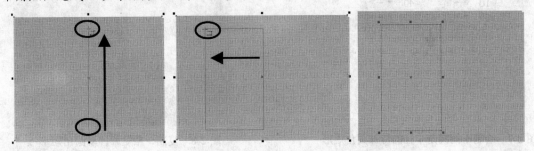

图 2-4　利用"3 点矩形"工具绘制矩形

　　步骤 4▶　选中绘制好的矩形，然后在矩形工具属性栏中的"左边矩形的边角圆滑度"或"右边矩形的边角圆滑度"的任意编辑框中输入 10，按【Enter】键即可得到圆角矩形，如图 2-5 所示。

小技巧

　　利用"形状"工具 直接拖拽矩形四个角上的节点，也可以得到圆角矩形。默认情况下， 编辑框后面的"全部圆角"按钮 处于选中状态，此时改变一个角的圆角半径值，其他三个框的值将与该值保持一致，即得到四个角具有相同圆角半径的圆角矩形；如单击按钮 ，使其呈打开状态 ，可分别在各编辑框中输入不同的数值，从而制作出具有不同圆角半径的特殊圆角矩形，如图 2-7 所示。

　　步骤 5▶　用鼠标单击"标准色"调色板中的黄色色块，填充矩形，如图 2-6 所示。

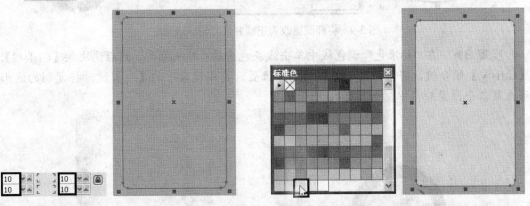

图 2-5　绘制圆角矩形　　　　　　　　图 2-6　填充圆角矩形

　　步骤 6▶　选中圆角矩形，依次按【Ctrl+C】、【Ctrl+V】组合键，原位置复制并粘贴圆角矩形，然后按键盘中的【→】键，调整圆角矩形的位置，然后适当调整两个圆角矩形居于页面中的位置，如图 2-8 所示。

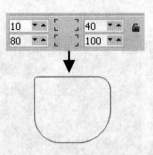

图 2-7　绘制不同圆角半径的特殊圆角矩形　　　　图 2-8　复制、粘贴并移动圆角矩形

步骤 7▶ 选择"椭圆形"工具 ，将光标移到第一个圆角矩形的右侧，按下鼠标左键并拖动，即可绘制出任意比例的椭圆，如图 2-9 左图所示。

.小技巧.

绘制椭圆时，如按住【Shift】键，可从中心向外绘制椭圆；如按住【Ctrl】键，可绘制圆形；如同时按住【Shift】键和【Ctrl】键，可从中心向外绘制圆形。

步骤 8▶ 在"椭圆形"工具属性栏中确认"不成比例的缩放/调整比率"图标处于打开状态 🔓，然后在"对象大小"编辑框中分别输入 10，按【Enter】键，将椭圆更改为正圆，再设置圆形的轮廓线宽度为 1.5mm，如图 2-9 右图所示。

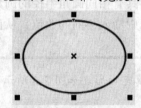
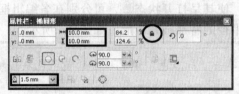
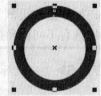

图 2-9　将椭圆更改为正圆并设置轮廓线宽度

步骤 9▶ 在"标准色"调色板中单击浅灰色色块，填充圆形，然后依次按【Ctrl+C】、【Ctrl+V】组合键，将圆形复制并粘贴到原位置，再按键盘中的【→】键，将复制的圆形移至第二个圆角矩形中，如图 2-10 所示。

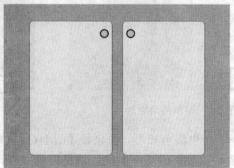

图 2-10　填充圆形并复制圆形

步骤 10▶ 选择"3 点椭圆形"工具，然后将光标放置在第一个圆形的圆心，按下鼠标左键并向第二个圆形的圆心拖动鼠标，确定椭圆的长轴。继续上下移动光标并单击，确定椭圆的短轴，如图 2-11 所示。

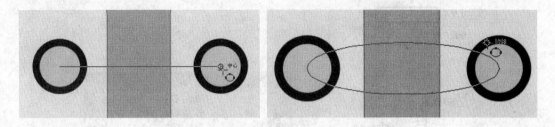

图 2-11 利用"3 点椭圆形"工具绘制椭圆

步骤 11▶ 在属性栏中设置椭圆的轮廓线宽度为 1.5mm，并用右键在"标准色"调色板中单击深灰色，更改椭圆的轮廓线颜色，如图 2-12 所示。

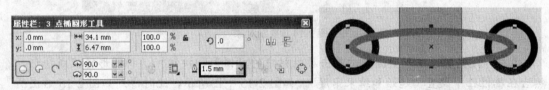

图 2-12 设置椭圆轮廓线宽度和颜色

步骤 12▶ 在属性栏中单击"弧形"按钮，将椭圆转换成弧形，然后在"起始和结束角度"编辑框中输入数值，按【Enter】键，确定弧形的起始角度和结束角度，如图 2-13 所示。

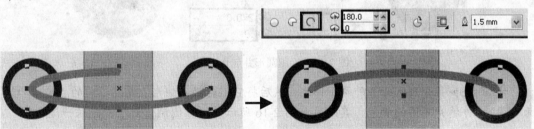

图 2-13 改变弧形起始和结束角度

步骤 13▶ 按住【Shift】键，利用"挑选"工具选中弧形和两个圆形，然后选择"窗口">"泊坞窗">"变换">"位置"菜单，打开"变换"泊坞窗，然后参照图 2-14 左图所示设置参数，单击 7 次"应用到再制"按钮，将选中的对象垂直向下复制 7 份，如图 2-14 右图所示效果。

步骤 14▶ 利用"椭圆形"工具绘制一个正圆，并设置填充色为墨绿色，如图 2-15 左图所示。按【Ctrl+C】组合键复制圆形，然后按两次【Ctrl+V】组合键，原位置复制并粘贴圆形。

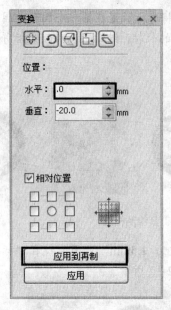

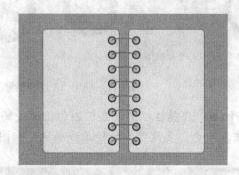

图 2-14　复制对象

步骤 15▶ 选中一个圆形，单击属性栏中的"饼形"按钮 ⬚，将圆形转换成饼形，然后在属性栏中设置"起始和结束角度"，如图 2-15 中图所示，此时得到如图 2-15 右图所示饼形。

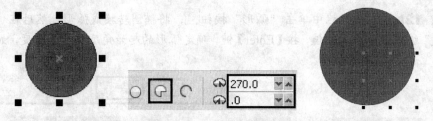

图 2-15　绘制圆形并制作饼形

步骤 16▶ 分别选择另外两个圆形，然后将它们转换成饼形，设置不同的"起始和结束角度"，并填充不同的颜色，其效果如图 2-16 所示。饼形图制作好了，先放一边备用。

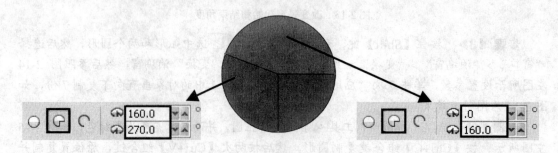

图 2-16　制作饼形图

选中绘制的弧形或饼形后，单击属性栏上的"顺时针/逆时针弧形或饼图"按钮，可以反方向替换绘制的弧形或饼形，即得到所绘弧形或饼形的另一部分，如图 2-17 所示。

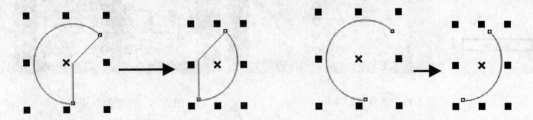

图 2-17　反方向替换饼形或弧形

利用"形状"工具向外并向两侧拖拽椭圆上的节点可以得到弧形，如向内并向两侧拖拽节点则可得到饼形。

步骤 17▶ 用"矩形"工具在第一个圆角矩形内绘制矩形，在"标准色"调色板中选择填充色为橘黄色，并取消其轮廓线颜色，然后在属性栏中精确设置其大小，如图 2-18 所示。

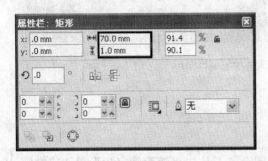 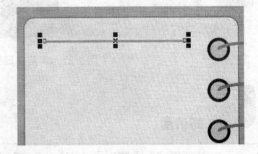

图 2-18　精确绘制矩形

步骤 18▶ 选中步骤 17 中绘制的矩形，然后在"变换"泊坞窗中设置相关参数，单击 15 次"应用到再制"按钮，垂直复制矩形，如图 2-19 右图所示。

步骤 19▶ 用"挑选"工具选中所有矩形，依次按【Ctrl+C】、【Ctrl+V】组合键，原位置复制并粘贴矩形，然后将矩形水平向右移动，放置在第二个圆角矩形内，如图 2-20 所示。

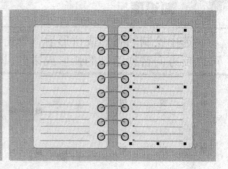

图 2-19　垂直复制矩形　　　　　　　　　图 2-20　水平复制矩形

步骤 20▶ 利用"挑选"工具  选中前面制作的所有饼形,并放置在如图 2-21 左图所示的位置,然后分别用"3 点矩形"工具 和"3 点椭圆形"工具 在页面中绘制一些矩形和椭圆(设置不同的填充色,无轮廓线颜色)作为装饰,如图 2-21 右图所示。至此,一个漂亮的笔记本就制作好了。按【Ctrl+S】组合键,将文件保存。

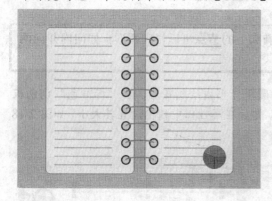
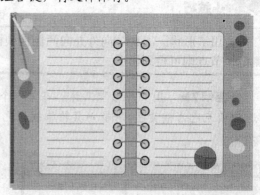

图 2-21　调整饼形的位置并绘制装饰图形

知识库

　　由于利用"3 点矩形"工具 或"3 点椭圆形"工具 可随意确定矩形单边或椭圆长轴的角度,所以用户可方便地利用这两个工具绘制倾斜的矩形或椭圆形,如图 2-22 和图 2-23 所示。

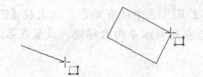

图 2-22　使用"3 点矩形"工具绘制斜向矩形

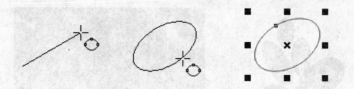

图 2-23　使用"3 点椭圆形"工具绘制倾斜椭圆

实训 2　绘制风景画——使用多边形与星形工具

【实训目的】

● 掌握"多边形"工具 ⬡ 的用法。

● 掌握"星形"工具 ✧ 和"复杂星形"工具 ⚙ 的用法。

【操作步骤】

步骤 1▶ 打开本书配套素材"素材与实例"\ "Ph2"文件夹中的"01.cdr"文件，如图 2-24 所示。下面，我们要在该文件中添加树、风车和星星图形。

步骤 2▶ 选择工具箱中的"多边形"工具 ⬡，在页面适当位置单击鼠标左键并向右下方拖动，释放鼠标后即可绘制出一个多边形，如图 2-25 左图所示。

步骤 3▶ 在"标准色"调色板中为多边形选择填充色为黑色，然后利用光标向左拖动多边形右侧中间的控制点，将其宽度缩小，如图 2-25 右图所示。

图 2-24　打开素材文件

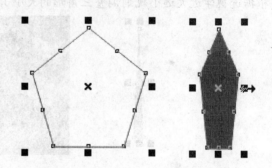

图 2-25　绘制多边形并更改宽度

和其他绘图工具一样，使用"多边形"工具 ⬡ 时，也可以结合【Shift】和【Ctrl】键，绘制出以起点为中心点的多边形或正多边形。

步骤 4▶ 用"3 点椭圆形"工具 ⬭ 在多边形上绘制一些椭圆，并设置不同的填充颜色，使其形成一棵大树，如图 2-26 左图所示，用"挑选"工具 ⬚ 调整大树的位置，如图 2-26 右图所示。

图 2-26　绘制椭圆

步骤 5▶　利用"多边形"工具 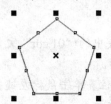 绘制一个多边形，然后在属性栏中设置多边形的边数为 3，如图 2-27 所示。这样，就得到一个三角形。

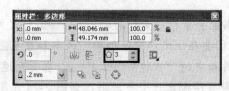

图 2-27　绘制三角形

步骤 6▶　调整三角形的宽度，并为其设置填充色为黑色，然后复制出两份（在此需要根据透视学近大远小规则调整三角形的大小），分别置于画面中备用，如图 2-28 所示。

图 2-28　调整三角形宽度

步骤 7▶　下面绘制星光。选择"星形"工具，然后在页面中按下鼠标左键并向右下方拖动，释放鼠标后即可绘制出一个星形，如图 2-29 所示。

步骤 8▶　选中绘制的星形后，还可利用属性栏改变星形的边数、旋转角度、尖角角度和线条粗细等属性，如图 2-30 所示。

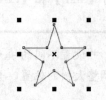

图 2-29　绘制星形　　　　　　　　图 2-30　更改星形属性

绘制好星形后，利用"形状"工具 ⟍ 拖动轮廓线上的节点，可以改变星形的形状，或者将星形改变为多边形，如图 2-31 所示。

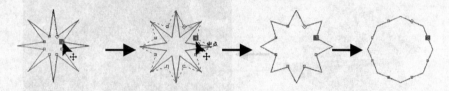

图 2-31　通过拖动节点将星形改为多边形

步骤 9▶　利用"标准色"调色板将星形的填充颜色设置为白色，轮廓线为无，然后参照与步骤 8 相同的操作方法，制作出多个不同边数和尖角的星形，如图 2-32 所示。

步骤 10▶　下面制作风车。选择"复杂星形"工具 ✿，在其属性栏中设置角数为 8，锐度为 2，然后在页面中单击并拖动，即可绘制出一个星形，如图 2-33 所示。

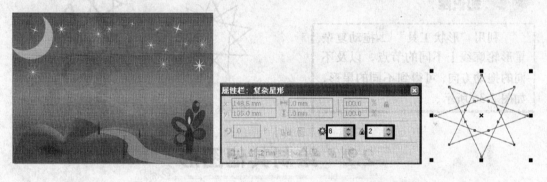

图 2-32　绘制星形　　　　　　　　　　　　图 2-33　绘制复杂星形

步骤 11▶　选择"形状"工具 ⟍，然后单击如图 2-34 左图所示节点，按下鼠标左键并拖动，调整出风车形状，如图 2-34 右图所示。

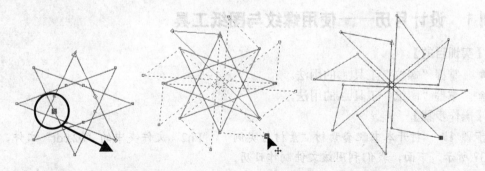

图 2-34　利用"形状"工具调整复杂星形形状

步骤 **12▶** 在"标准色"调色板中为风车图形选择填充色为黄色，并取消其轮廓颜色，如图 2-35 左图所示。

步骤 **13▶** 利用"挑选"工具调整风车图形的大小，并将其适当进行倾斜，然后再复制出两个，分别放置于前面制作的三角形上，此时画面效果如图 2-35 右图所示。

图 2-35 填充、复制、缩放与倾斜风车图形

知识库

利用"形状工具" 拖动复杂星形轮廓线上不同的节点，以及不同的拖动方向，可得到不同的星形，如图 2-36 所示。

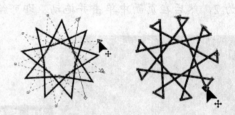

图 2-36 利用"形状"工具改变星形形状

2.2　绘制其他图形

我们在前面已经介绍了矩形、椭圆、多边形、星形等基本图形的绘制方法，下面再来看看如何绘制螺纹、网格、箭头等。

实训 1　设计月历——使用螺纹与图纸工具

【实训目的】
● 掌握"螺纹"工具的用法。
● 掌握"图纸"工具的用法。

【操作步骤】

步骤 **1▶** 打开本书配套素材"素材与实例" \ "Ph2"文件夹中的"02.cdr"文件，如图 2-37 所示。下面，我们利用该文件制作日历。

步骤 **2▶** 选择"图纸"工具，然后在其属性栏中的"图纸行和列数"编辑框中分别输入 7 和 5，属性设置好后，利用"图纸"工具在页面中单击并拖动鼠标，绘制网格，如图 2-38 所示。

图 2-37　打开素材文件

图 2-38　绘制网格

在绘制网格的同时按下【Shift】键，可以绘制一个以起点为中心向外扩展的网格；按下【Ctrl】键，可以绘制一个宽度与高度相等的正网格图形。

步骤 3▶ 在"标准色"调色板中，用鼠标左键单击白色，将网格的轮廓线设置为白色，如图 2-39 左图所示。

步骤 4▶ 默认状态下，利用"图纸"工具 绘制的网格是一个群组对象，选择"排列">"取消群组"菜单，取消网格的群组，如图 2-39 右图所示。

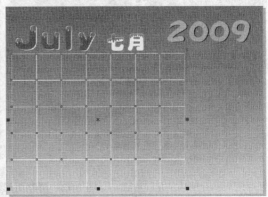

图 2-39　设置网格的轮廓线颜色并取消群组

步骤 5▶ 利用"挑选"工具 单击选中每个矩形块，然后在"标准色"调色板中分别对其进行颜色填充（用户可根据个人喜好选择颜色），如图 2-40 所示。

.提 示.

取消网格的群组后，可以对单个矩形块进行缩放、颜色和位置调整等编辑，使其符合设计所需。

步骤 6▶ 利用"挑选"工具 将页面区域以外的数字分别放置在矩形块上，并根据个人喜好为数字设置填充颜色，其效果如图 2-41 所示。

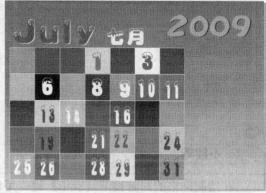

图 2-40　为矩形块设置颜色　　　　　　　图 2-41　调整数字的颜色和位置

步骤 7▶ 利用"挑选"工具 将页面区域以外的图形分别放置在矩形块内，将人物图像放置在页面的右侧，分别如图 2-42 左图与右图所示。

图 2-42　调整图形和人物图像的位置

步骤 8▶ 下面利用"螺纹"工具 为人物图像添加卷发。选择"螺纹"工具 ，在其属性栏中保持默认设置（如图 2-43 左图所示），然后在页面上单击并拖动，绘制一个四圈等距对称式螺纹，如图 2-43 右图所示。

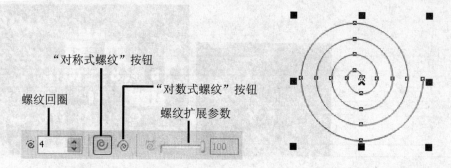

图 2-43 绘制对称式螺纹

- **"螺纹回圈"**：在该编辑框中输入数值，可以控制螺纹的圈数。
- **"对称式螺纹"按钮**：选中该按钮，则绘制的螺纹图形中每圈螺纹的间距固定不变。默认状态下，该按钮被选中。
- **"对数式螺纹"按钮**：选中该按钮，则绘制的螺纹图形中每圈螺纹的间距随着螺纹由内向外渐进而增加。
- **"螺纹扩展参数"**：选中"对数式螺纹"按钮后，该项被激活，通过拖动滑块或者在编辑框中输入数值，可以控制每圈螺纹的间距。

在绘制螺纹时，如果按住【Ctrl】键，则可绘制一个宽度和高度相等的正螺纹。另外，用"螺纹"工具创建的螺纹属于开放式曲线，只能设置轮廓线颜色和宽度。

步骤 9▶ 在"螺纹"工具属性栏中设置"螺纹回圈"为 3，单击"对数式螺纹"按钮，并设置"螺纹扩展参数"为 60，然后在页面中绘制对数式螺纹，如图 2-44 所示。

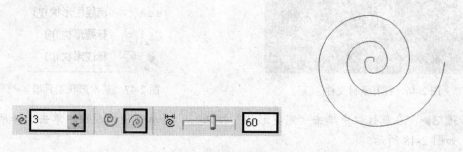

图 2-44 绘制对数式螺纹

步骤 10▶ 继续用"螺纹"工具绘制螺纹，并在"标准色"调色板中为每个螺纹设置轮廓线颜色（用户选择自己喜欢的颜色即可），利用"挑选"工具将绘制的螺纹图形放置在人物图像的头部，如图 2-45 所示。这样，一个简单时尚的日历就制作完成了。

图 2-45　绘制螺纹并设置不同的轮廓线颜色

实训 2　绘制精美底纹——使用基本形状工具组与"智能绘图"工具

【实训目的】

● 了解基本形状工具组的用法。

● 了解"智能绘图"工具 △ 的用法。

【操作步骤】

步骤 1▶　打开本书配套素材"素材与实例"\"Ph2"文件夹中的"03.cdr"文件，如图 2-46 所示。下面，利用基本形状工具组和"智能绘图"工具 △ 继续在画面中绘制其他图形。

步骤 2▶　将光标放置在工具箱中的"基本形状"工具 ⬡ 上，按下鼠标左键不放，打开其同位工具组，如图 2-47 所示。从工具组中选择一种预设形状工具，例如选择"基本形状"工具 ⬡。

图 2-46　打开素材文件

	基本形状 (B)
	箭头形状 (A)
字	流程图形状 (F)
	标题形状 (N)
	标注形状 (C)

图 2-47　基本形状工具组

步骤 3▶　在属性栏中单击"完美形状"按钮 ▱，并从弹出的面板中单击选择所需的图形，如图 2-48 所示。

图 2-48　选择图形形状

步骤 4▶　在页面中单击并拖动，释放鼠标后即可绘制出所选图形，如图 2-49 左图所示。

步骤 5▶　选中绘制的形状图形，在"标准色"调色板中为其设置填充色为白色，轮廓线颜色为无，并放置于图 2-49 中图所示位置。

步骤 6▶　依次按【Ctrl+C】、【Ctrl+V】组合键，原位置复制并粘贴形状图形，更改其填充颜色，然后按住【Shift】键的同时，将其基于圆心成比例缩小，如图 2-49 右图所示。

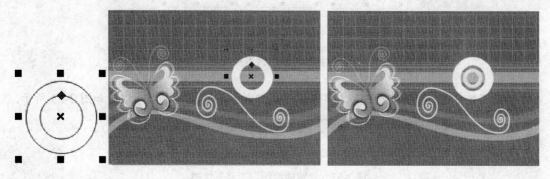

图 2-49　绘制形状图形并设置其外观属性

步骤 7▶　将步骤 6 中制作的形状图形再复制一些，更改其填充颜色和大小，并参照图 2-50 所示效果放置。

步骤 8▶　在基本形状工具组中选择其他形状工具，按照步骤 3 所示的方法选择并绘制形状图形，并根据需要设置形状图形的填充颜色，如图 2-51 所示效果。

图 2-50　复制、粘贴并编辑形状图形　　　　图 2-51　绘制其他形状图形

在绘制的特殊图形中，除流程图外，大部分图形都具有一个或多个控制点，使用"形状"工具拖动控制点，可以改变预设图形的形状，如图 2-52 所示。

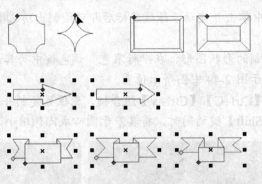

图 2-52　拖拽控制点改变图形的形状

步骤 9▶　选择"智能绘图"工具 ⚠，然后在属性栏中设置相关参数，如图 2-53 所示。

图 2-53　"智能绘图"工具属性栏

步骤 10▶　在绘图页面中按下鼠标左键并拖动，绘制一个如图 2-54 左图所示的形状。松开鼠标左键，该形状自动变成椭圆，如图 2-54 中图所示。

> 　　使用"智能绘图"工具 ⚠ 绘制图形时，系统会自动将手绘的图形转换为与手绘图形状接近的圆、矩形、平行四边形、三角形或线条等。

步骤 11▶　继续用"智能绘图"工具 ⚠ 在画面中随意绘制图形，并根据个人喜好设置图形的轮廓线颜色，此时画面效果如图 2-54 右图所示。

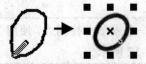

图 2-54　使用"智能绘图"工具绘制图形

综合实训——绘制闹钟精灵

本例制作的闹钟精灵效果如图 2-55 所示，制作本例主要应用了"3 点椭圆形"工具和"椭圆形"工具、"基本形状"工具、"3 点矩形"工具和"星形"工具来完成。

图 2-55 闹钟精灵效果图

步骤 1▶ 新建一个空白文档，然后利用"椭圆形"工具在页面中绘制一个 96×96mm 的圆形，其轮廓线宽度为 2mm，颜色为深蓝色，填充颜色为 10%黑，如图 2-56 所示。

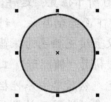

图 2-56 绘制圆形

步骤 2▶ 选中绘制的圆形，依次按【Ctrl+C】、【Ctrl+V】组合键，原位置复制并粘贴圆形，然后按住【Shift】键的同时，将复制的圆形基于圆心成比例缩小，取消其轮廓线颜色，并设置填充色为紫色，如图 2-57 左图所示。

步骤 3▶ 将步骤 2 中得到的圆形复制并成比例缩小，设置其填充色为湖蓝色，如图 2-57 右图所示。

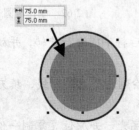
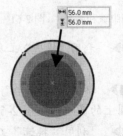

图 2-57 复制圆形

步骤 4▶ 选择"基本形状"工具，然后在其属性栏中单击"完美形状"按钮，在显示的列表中选择如图 2-58 左图所示形状。

步骤 5▶ 将光标放置在湖蓝色圆形的圆心，按住【Shift+Ctrl】组合键的同时，绘制一个圆形的笑脸，并设置填充颜色为浅青色，如图 2-58 右图所示。

步骤 6▶ 利用"3点椭圆形"工具和"椭圆形"工具绘制图 2-59 所示椭圆，作为精灵的眼珠和高光。

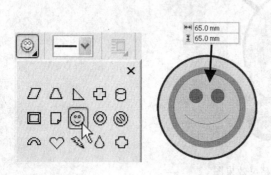

图 2-58　绘制笑脸图形　　　　　　　　　　　　　图 2-59　绘制眼珠和高光

步骤 7▶ 利用"挑选"工具选中步骤 6 中绘制的椭圆，然后将它们复制一份，并放置在如图 2-60 所示位置。这样，精灵的一双眼睛就制作好了。

步骤 8▶ 下面绘制耳朵。利用"3点矩形"工具在如图 2-61 所示位置绘制一个倾斜的矩形，并设置填充颜色为深蓝色，轮廓线颜色为无。

步骤 9▶ 利用"椭圆形"工具绘制一个 30×30mm 的正圆，其填充颜色为橙色，轮廓线颜色为无，然后单击属性栏中的"饼形"按钮，并设置"起始和结束角度"值，得到一个半圆，参数设置及效果如图 2-62 所示。

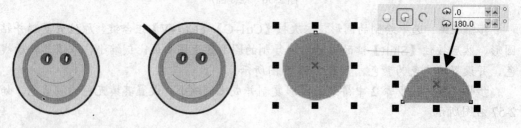

图 2-60　复制眼珠和高光　　图 2-61　绘制倾斜矩形　　　图 2-62　制作半圆

步骤 10▶ 利用"挑选"工具选中半圆，然后将半圆进行旋转，并放置于如图 2-63 所示位置。

步骤 11▶ 利用"椭圆形"工具在半圆上绘制两个无轮廓线、填充色为白色的椭圆，作为半圆上的高光，如图 2-64 所示。

步骤 12▶ 利用"挑选"工具选中半圆和高光，并原位置复制一份，然后单击属性栏中的"水平镜像"按钮，将复制的半圆和高光水平镜像，再将它们水平向右移动，放置于如图 2-65 左图所示位置,利用"挑选"工具 调整高光的位置,其效果如图 2-65 右图所示。

图 2-63 调整半圆位置　　　图 2-64 制作高光　　　图 2-65 复制半圆和高光

步骤 13▶ 下面绘制魔法棒。利用"3 点矩形"工具 绘制一个倾斜的矩形,然后将其转换成圆角矩形,其填充颜色为黄色,参数设置及图形位置分别如图 2-66 所示。

步骤 14▶ 利用"星形"工具 在如图 2-67 所示位置绘制一个五角星,其填充颜色为黄色,并利用"挑选"工具 旋转五角星。

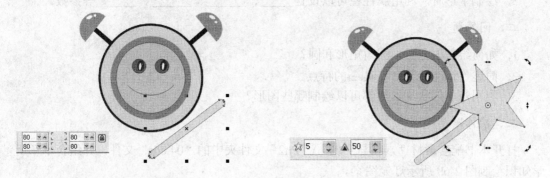

图 2-66 绘制圆角矩形　　　　　　　图 2-67 绘制五角星

步骤 15▶ 利用"椭圆形"工具 绘制两个无轮廓线的同心圆,并设置不同的填充颜色,放置于如图 2-68 左图所示位置,然后将两个同心圆复制,放置于如图 2-68 右图所示位置。至此,本例就制作好了。

图 2-68 绘制圆形

本章小结

本章主要讲解了各种绘图工具的使用方法。绘图工具的使用很简单，应用也很广泛，无论是绘制标志，还是制作各种图形，都少不了绘图工具的参与。

思考与练习

一、填空题

1. 位于同一工具组中的_____工具和_____工具，可以绘制椭圆、圆、饼形及弧形。

2. 使用"螺纹"工具 可以绘制_____螺纹、_____螺纹。

3. 绘制星形时，利用属性栏可以设置_____、_____、_____、_____等参数。

二、问答题

1. 如何绘制正方形、圆角矩形和圆？

2. 简述"智能绘图"工具 的特点。

3. 利用基本形状工具组都可以绘制哪些图形？

三、操作题

打开本书配套素材"素材与实例"\"Ph2"文件夹中的"04.cdr"文件，并结合本章所学知识绘制图 2-69 所示灯笼图案。

图 2-69　绘制灯笼图

提示：

步骤 1▶　利用"星形"工具和"复杂星形"工具 绘制一些星形，然后选中图形，并在调色板中单击所需的色块填充星形。

步骤 2▶　利用"挑选"工具将页面中的文字放置在灯笼上即可。

第3章 绘制线条和不规则图形

【本章导读】

我们在上一章介绍了在 CorelDRAW 中绘制矩形、圆角矩形、椭圆、圆、多边形、星形、螺旋形、网格等图形的方法，本章将介绍绘制线条和各种不规则图形的方法。

【本章内容提要】

- ☞ 掌握手绘、折线和 3 点曲线工具的用法
- ☞ 掌握贝塞尔和钢笔工具的用法
- ☞ 掌握艺术笔工具组的用法
- ☞ 掌握链接器和度量工具的用法

3.1 绘制普通线条

线条是矢量图形的基本元素，利用"手绘"工具、"折线"工具、"3 点曲线"工具、"贝塞尔"工具和"钢笔"工具可以绘制直线、折线、曲线，以及各种规则或不规则封闭图形。

实训 1 绘制花草树木——使用"手绘"、"折线"、"3 点曲线"工具

【实训目的】

- ● 掌握"手绘"工具的用法
- ● 掌握"折线"工具和"3 点曲线"工具的用法。

【操作步骤】

　　步骤 1▶　打开本书配套素材"素材与实例"\"Ph3"文件夹中的"01.cdr"文件，如图 3-1 左图所示。下面，我们要在文件中绘制一些树木、花草，其效果如图 3-1 右图所示。

图 3-1　打开素材文件与效果图

　　步骤 2▶　选择"手绘"工具，当光标变为 状时，在页面上单击鼠标左键确定线条的起点，然后移动鼠标至线条的终点位置再单击一下，即可绘制出一条直线，如图 3-2 左图所示。

　　步骤 3▶　将光标放置在直线右侧的端点上，当光标呈 形状时，单击鼠标左键，此时拖动鼠标至下一个终点位置单击，可绘制出具有转折点的连续折线，如图 3-2 右图所示。

图 3-2　利用"手绘"工具绘制直线和折线

　　步骤 4▶　在步骤 3 最后落点处按下鼠标左键并拖动绘制曲线路径，当释放鼠标后，绘图区上会根据拖动轨迹出现一条自由曲线，如图 3-3 所示。

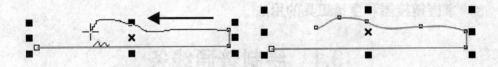

图 3-3　利用"手绘"工具绘制曲线

　　　　在使用"手绘"工具 绘制曲线时按住鼠标左键不放，并同时按住【Shift】键，再沿之前所绘曲线的路径返回，则可将绘制曲线时经过的路径清除。

　　步骤 5▶　参照步骤 4 相同的操作方法，利用"手绘"工具 绘制曲线，当光标到达曲线的起点（光标呈 形状）时，释放鼠标即可绘制一个封闭的图形，如图 3-4 左图所示。

步骤 6▶ 将得到的图形填充为绿色，并取消其轮廓线颜色，放置于页面的最下方，如图 3-4 右图所示。

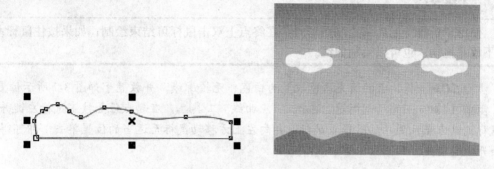

图 3-4 封闭图形并设置填充颜色

步骤 7▶ 继续用"手绘"工具 绘制封闭的曲线图形，并根据个人喜好设置填充颜色，放置于如图 3-5 左图所示位置。

步骤 8▶ 选中前面绘制的封闭图形，依次按【Ctrl+C】、【Ctrl+V】组合键，将该图形放置于步骤 7 中所绘图形的上面，此时画面效果如图 3-5 右图所示。

图 3-5 绘制曲线图形并调整其排列顺序

步骤 9▶ 下面绘制树干。选择"折线"工具 ，将光标移至页面适当位置单击确定起始点，然后移动鼠标，依次在各点单击，可得到连续折线（如图 3-6 中图所示），将光标移至路径的起点，当光标呈 形状时，单击鼠标可以得到一个封闭的图形，如图 3-6 右图所示。

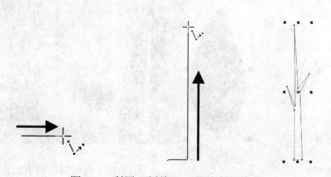

图 3-6 利用"折线"工具绘制折线

> 使用"折线"工具绘制图形时，在终点上双击鼠标可结束绘制；如果按住鼠标左键不放并拖动，也可以绘制曲线。

步骤 10▶ 将树干的填充颜色设置为白色，无轮廓线，并放置于如图 3-7 所示位置。

步骤 11▶ 下面绘制树冠。选择"3 点曲线"工具，在起点位置按下鼠标左键并拖动鼠标到结束点位置，然后释放鼠标，再向左上方移动鼠标至适当的位置单击，即可得到一条开放的曲线，如图 3-8 所示。

图 3-7 为树干设置填充颜色

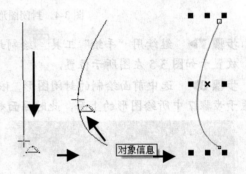

图 3-8 利用"3 点曲线"工具绘制曲线

步骤 12▶ 将光标移至曲线的一个端点上，当光标呈 形状时，按下鼠标左键并向另一端点拖动，当到达另一端点时，光标呈 形状，释放鼠标左键，并向右上方移动鼠标至适当的位置单击，可以得到一个封闭的图形，如图 3-9 所示。

步骤 13▶ 将绘制的封闭图形填充为深绿色，并取消其轮廓线颜色，然后将其放置于树干处，再选择"排列">"顺序">"向后一层"菜单，将树冠移至树干的下面，如图 3-10 中图所示。

步骤 14▶ 利用"挑选"工具选中树冠和树干，然后复制出 4 份，分别调整大小和位置，并参照图 3-10 右图所示效果放置。

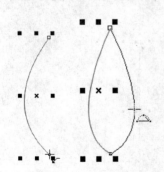

图 3-9 绘制树冠

图 3-10 将树冠与树干组合并复制

步骤 15▶ 利用"3 点曲线"工具 和"椭圆形"工具 绘制如图 3-11 左图所示花朵（根据个人喜好设置花瓣颜色）。复制花朵并分别调整大小和位置，散放于画面中，此时画面效果如图 3-11 右图所示。至此，本例就制作好了。

图 3-11 绘制、复制并移动花朵

实训 2 绘制小蜜蜂——使用"贝塞尔"与"钢笔"工具

使用"贝塞尔"工具与"钢笔"工具均可绘制直线和曲线，并可利用节点和控制柄来调整曲线的的圆滑度。

【实训目的】
- 掌握"贝塞尔"工具 的用法。
- 掌握"钢笔"工具 的用法。

【操作步骤】

步骤 1▶ 新建一个空白文档，下面通过绘制图 3-12 所示的小蜜蜂学习"贝塞尔"工具 和"钢笔"工具 的用法。

步骤 2▶ 首先利用"贝塞尔"工具 绘制蜜蜂的头部。选择"贝塞尔"工具 ，此时光标为 状，在页面适当位置单击鼠标，确定线条的起点，将光标移至下一点，单击并拖动鼠标，创建一个两端具有控制柄的节点，此时将得到一条曲线，如图 3-13 所示。

图 3-12 蜜蜂效果图

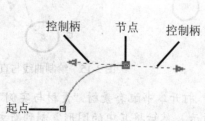

图 3-13 绘制曲线

控制柄的长度决定了曲线的弯曲度，而控制柄的角度决定曲线的倾角。

步骤 3▶ 依次创建其他带控制柄的节点，并通过调节其长度与角度来调整曲线的弯曲度，此时得到如图 3-14 左图所示曲线。

步骤 4▶ 将光标移至曲线的起点，单击鼠标左键，可得到一个封闭的图形，如图 3-14 中图所示，然后使用黑色填充图形，如图 3-14 右图所示。这样，蜜蜂头部的轮廓就做好了。

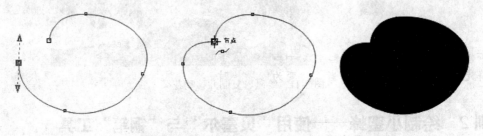

图 3-14　绘制蜜蜂头部轮廓

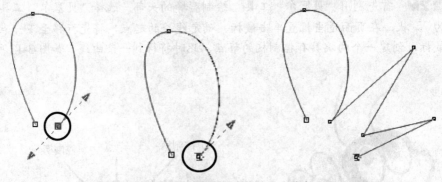

　　利用"贝塞尔"工具 🖋️ 绘制线条时，如果当前创建的节点两侧带有控制柄，如图 3-15 左图所示，双击该节点可以取消节点一侧控制柄，如图 3-15 中图所示（再次单击该节点，可以恢复控制柄）。此时，如果逐点单击（不拖动），可绘制连续直线；如果按一下空格键，可结束绘制，并得到一条开放的线条，如图 3-15 右图所示。

图 3-15　绘制曲线与直线的混合线条

步骤 5▶ 打开本书配套素材"素材与实例"\"Ph3"文件夹中的"02.cdr"文件（如图 3-16 左图所示），然后将其中的图形复制到新文档中，并参照图 3-16 右图所示效果放置。

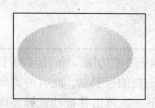  

图 3-16 复制图形

步骤 6▶ 利用"贝塞尔"工具 ✑ 和"椭圆形"工具 ◯ 分别绘制一条曲线和椭圆,在属性栏中单击"选择轮廓宽度或键入新宽度"下拉列表框 ▣.2 mm ✓ 右侧的 ✓ 按钮,在展开的列表中选择宽度为 0.75mm,然后设置椭圆的填充色为黑色,将它们分别放置于图 3-17 左图所示位置,作为蜜蜂的鼻子和嘴巴。

步骤 7▶ 下面利用"钢笔"工具 ✑ 绘制蜜蜂的触角和翅膀。选择"钢笔"工具 ✑,然后将光标移至蜜蜂的头顶,当光标变为 ✑× 形状时,单击鼠标左键确定起点,再移动光标到下一个位置,按下鼠标左键并拖动鼠标,创建一个两端具有控制柄的节点,此时,将得到一条曲线,如图 3-17 中图所示。

步骤 8▶ 按空格键或在末端节点上双击鼠标,结束线条的绘制,将得到一条开放的曲线,如图 3-17 右图所示。

图 3-17 绘制嘴巴、鼻子和触角

"钢笔"工具 ✑ 与"贝赛尔"工具 ✑ 的作用相似。其中,在使用"钢笔"工具 ✑ 绘图时,可通过在线条上单击(此时光标呈 ✑+状),或在节点上单击(此时光标呈 ✑-状)来添加或删除节点,如图 3-18 所示,还可通过其属性栏设置线条的旋转、样式和粗细等属性。

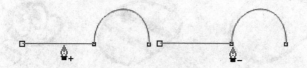

图 3-18 添加和删除节点

小技巧

> 在利用"钢笔"工具绘制图形时，如果当前节点具有两个控制柄，按住【Alt】键的同时，单击该节点（当光标呈形状时），可以删除节点一侧的控制柄，此时可得到一个单侧曲线节点，然后在下一点单击可绘制直线；如果在下一点单击并拖动鼠标，确定一条绘制曲线，此时将得到一个尖突节点，如图 3-19 所示。
>
> 要绘制封闭的图形，只需将光标放置在路径的起点位置，当光标呈形状时，单击鼠标左键，即可使线条的终点与起点连接，形成封闭的图形。

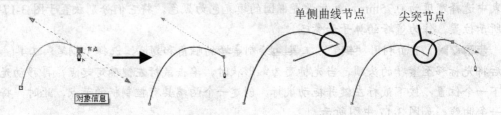

图 3-19　利用"钢笔"工具编辑节点

步骤 9▶ 在属性栏中设置曲线的宽度为 1mm，然后参照相同的操作方法，再制作另一条触角，如图 3-20 所示。

步骤 10▶ 利用"椭圆形"工具在图 3-21 所示位置绘制圆形，并设置填充颜色为红色，轮廓线颜色为黑色。

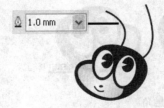

图 3-20　为曲线设置宽度　　　　　　　　　　图 3-21　绘制椭圆

步骤 11▶ 利用"钢笔"工具或"贝塞尔"工具绘制蜜蜂的身体，设置填充颜色为黄色，轮廓线为黑色，宽度为 1mm，如图 3-22 左图所示；利用"3 点椭圆形"工具在身体上绘制填充色为黑色的倾斜椭圆，作为身体上的条纹，其效果如图 3-22 中图所示；利用"挑选"工具选中身体和条纹，将它们放置在如图 3-22 右图所示位置。

图 3-22　绘制蜜蜂的身体

步骤 12▶ 利用"钢笔"工具 或"贝塞尔"工具 绘制蜜蜂的翅膀、手臂和腿。其中翅膀的填充颜色为淡青色,手臂和腿的填充颜色为淡粉色;轮廓线均为黑色,宽度为1mm,如图 3-23 右图所示。

图 3-23 绘制翅膀、手臂和腿

步骤 13▶ 利用"挑选"工具 分别将翅膀、手臂和腿放置于如图 3-24 左图所示位置。

步骤 14▶ 利用"挑选"工具 选中手臂和腿,并复制一份,然后选择"排列">"顺序">"到图层后面"菜单,将复制的手臂和腿放置在其他图形的下方,再分别调整它们的位置,最终效果如图 3-24 右图所示。至此,一只可爱的小蜜蜂就制作好了。

图 3-24 放置翅膀、手臂和腿的位置

利用"手绘"工具 、"折线"工具 、"3 点曲线"工具 、"钢笔"工具 和"贝塞尔"工具 绘制线条后,利用属性栏还可以对线条进行如下设置:

● 如果当前为开放线条,在属性栏中单击"起始箭头选择器" 下拉按钮,或"终止箭头选择器" 下拉按钮,在弹出的列表中选择所需的箭头类型,如图 3-25 左图所示,即可给绘制的线添加箭头,如图 3-25 右图所示。

● 如果想把绘制的曲线封闭,可单击属性栏中的"自动闭合曲线"按钮 ,曲线就会以直线连接起点和终点自动闭合,如图 3-26 所示。

● 选中绘制的线条,在属性栏中单击"轮廓样式选择器" 下拉按钮,弹出图 3-27 所示的轮廓样式下拉列表,用户可以在此选择所需的虚线类型。

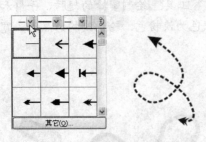
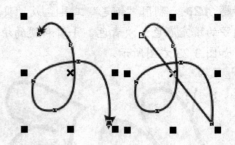

图 3-25　在开放线条的两端添加箭头　　　　图 3-26　使用"自动闭合曲线"按钮

图 3-27　轮廓样式下拉列表

3.2　绘制艺术线条

在"艺术笔"工具的属性栏中，CorelDRAW X4 提供了预设、笔刷、喷罐、书法和压力等 5 种笔触工具。通过选择这些工具，并在其属性栏中设置相应参数，可绘制出不同风格的作品。

实训 1　绘制花卉装饰画

【实训目的】
● 掌握艺术笔工具组的使用方法。

【操作步骤】

步骤 1▶　打开本书配套素材"素材与实例"\"Ph3"文件夹中的"03.cdr"文件，如图 3-28 左图所示。下面我们将利用艺术笔工具组绘制图 3-28 右图所示的花卉装饰画。

步骤 2▶　选择"艺术笔"工具，单击其属性栏中的"预设"按钮，在"预设笔触列表"的下拉列表框中选择一种预设笔触样式，并设置"手绘平滑"和"艺术笔工具宽度"，如图 3-29 所示。

图 3-28 打开素材图片与最终效果

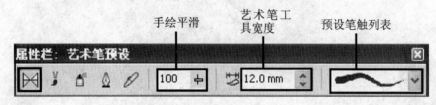

图 3-29 "艺术笔预设"属性栏

步骤 3▶ 在页面中适当的位置单击并向上拖动鼠标，绘制曲线路径，释放鼠标后即可得到图 3-30 左图所示的线条。按照同样的方法绘制图 3-30 中图所示的叶子图案，并为其填充绿色，如图 3-30 右图所示。

图 3-30 绘制叶子

.提 示..

选取"预设"选项绘制的是一条特殊路径，可对其设置填充颜色和轮廓颜色。

步骤 4▶ 在"艺术笔"工具属性栏中单击"喷罐"按钮，此时的属性栏如图 3-31 所示。利用"喷罐"选项，可沿绘制的线条路径喷涂出所选的图案。

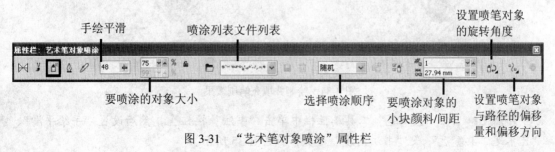

图 3-31 "艺术笔对象喷涂"属性栏

步骤 5▶ 在属性栏的"喷涂列表文件列表"下拉列表框中选择一种花卉图案，然后将光标移至页面的适当位置单击并拖动鼠标，绘制出路径，释放鼠标后，即可得到图 3-32 所示的喷涂效果。

图 3-32 使用"喷罐工具"喷涂图案

步骤 6▶ 单击"艺术笔"工具属性栏中的"笔刷"按钮 ，此时属性栏如图 3-33 所示。在"笔触列表"下拉列表框中选择第一种画笔样式，并设置"手绘平滑"和"艺术笔工具宽度"。

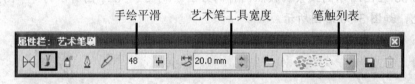

图 3-33 "艺术笔刷"属性栏

步骤 7▶ 在页面中花草的下方单击并拖动鼠标绘制路径，释放鼠标后即可绘制出所需笔刷效果，如图 3-34 左图所示。单击调色板中的黑色色块，为其填充黑色，制作出石子路的效果，如图 3-34 右图所示。

图 3-34 绘制并填充笔刷效果

步骤 8▶ 在"艺术笔"工具属性栏中单击"书法"按钮 ，然后设置"手绘平滑"、"艺术笔工具宽度"及"书法角度"参数，如图 3-35 所示。

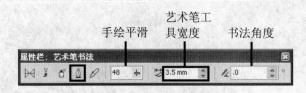

图 3-35 "艺术笔书法" 属性栏

步骤 9▶ 在页面单击并拖动鼠标，绘制出曲线路径，释放鼠标后，即可得到书法线条。用同样的方法书写 "夏日" 字样，然后为其填充 "热粉色" (默认 CMYK 调色板) 并缩放、移动到图 3-36 右图所示的位置。

图 3-36 用书法工具绘制字样并进行填充、缩放与移动操作

使用 "书法" 工具 水平画线条会产生一条细细的直线，竖直画线条则会以所设置的宽度画线。

步骤 10▶ 在 "艺术笔" 工具属性栏中单击 "压力" 按钮，并设置合适的 "手绘平滑" 和 "艺术笔工具宽度"，如图 3-37 所示。然后在页面上单击并拖动鼠标可绘制出曲线路径，释放鼠标后即得到压力笔线条效果。用同样的方法在画面中适当的位置绘制蝴蝶图案，并为其填充用户喜欢的颜色即可，如图 3-38 所示。

手绘平滑 艺术笔工具宽度

图 3-37 "艺术笔压感笔" 属性栏

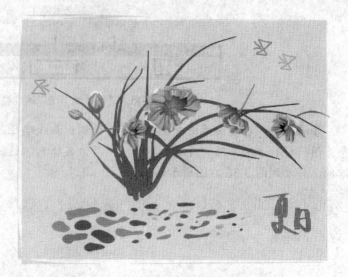

图 3-38 绘制蝴蝶图案并填充

若用户使用压感笔绘画，在选择"压力"按钮 后，系统将根据压感笔压力的变化产生不同粗细的线条。若用鼠标来绘画，将画出等宽的线条，因为鼠标按键产生的压力是固定值。

3.3 绘制流程线和尺度线

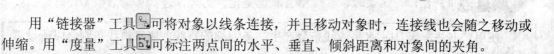

用"链接器"工具 可将对象以线条连接，并且移动对象时，连接线也会随之移动或伸缩。用"度量"工具 可标注两点间的水平、垂直、倾斜距离和对象间的夹角。

实训 1 绘制食物链图——使用"链接器"工具

【实训目的】
● 了解"链接器"工具 的用法。

【操作步骤】

步骤 1▶ 打开本书配套素材"素材与实例"\"Ph3"文件夹中的"04.cdr"文件，如图 3-39 所示。

步骤 2▶ 选择"链接器"工具 ，其属性栏中提供了"成角连接器" 和"直线连接器" 两种连接工具。默认状态下，"成角连接器"按钮 被选中，如图 3-40 所示。

成角链接器　　　　直线链接器

图 3-39　制作要连线的对象　　　　　　　　图 3-40　"链接器"工具属性栏

步骤 3▶　将光标移至其中一个对象的适当位置上单击确定连接点，然后按住鼠标左键并拖动至另一个对象上，释放鼠标后即可得到连接线，如图 3-41 所示。

图 3-41　创建连接线

提示

　　在绘制连接线时，一定要将线条与对象贴合，否则绘制出来的连接线与一般线段无异。也就是说，在移动对象时，线段不会随之变化。另外，连接线的形状和长短是由鼠标拖动的方向、移动的距离与位置决定的。

步骤 4▶　绘制连接线后，将激活"链接器"工具属性栏中的其他选项，此时可以更改连接线的线型、粗细等属性，如图 3-42 所示。

对象位置　对象大小　缩放因素　不成比例缩放/调整比率

旋转角度

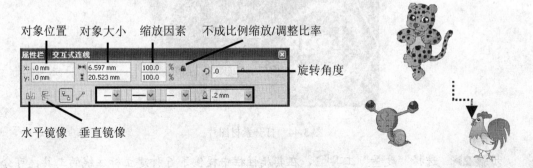

水平镜像　　垂直镜像

图 3-42　利用"链接器"工具属性栏更改连接线的线型、粗细和添加箭头

步骤 5 单击属性栏中的"直线连接器" ✎ 按钮,可以绘制直线连接对象,如图 3-43 左图所示;用"挑选"工具 ➤ 调整对象的位置,同时也改变了连接线的形状,如图 3-43 右图所示。

图 3-43 绘制直线连接对象并调整对象位置

双击"链接器"工具 ➤,可在打开的"选项"对话框中调节所绘连接线的平滑度;要删除连接线,可先用"挑选"工具 ➤ 将其选中,然后按【Delete】键即可。

实训 2 测量与标注设计图——使用"度量"工具

【实训目的】

● 了解"度量"工具 📐 的用法。

【操作步骤】

步骤 1▶ 打开本书配套素材"素材与实例"\"Ph3"文件夹中的"05.cdr"文件,如图 3-44 所示。

图 3-44 打开素材图片

步骤 2▶ 选择"度量"工具 📐,在其属性栏中提供了 6 种建立标注线的工具,可分别进行自动、垂直、水平、倾斜与角度标注,如图 3-45 所示。

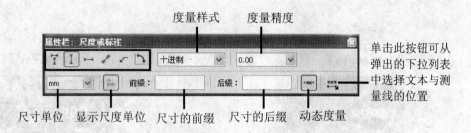

图 3-45 "度量"工具属性栏

步骤 3▶ 在属性栏中单击"垂直度量工具"按钮 ，然后将光标放置在名片图形的上边缘，单击鼠标确定起始点，然后移动光标至名片的下边缘单击鼠标确定终点，再移动鼠标到图形外部位置单击，即可完成垂直标注，如图 3-46 所示。

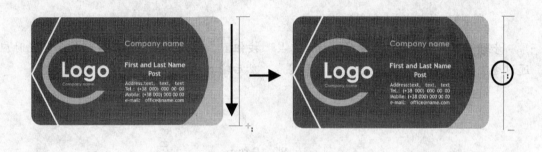

图 3-46 添加垂直标注

步骤 4▶ 分别单击属性栏中的"水平度量工具"按钮 和"倾斜度量工具"按钮 ，然后参照垂直标注的方法对名片进行水平和倾斜标注，如图 3-47 所示。

步骤 5▶ 单击属性栏中的"角度量工具"按钮 ，在要标注的角的顶点单击，然后移动鼠标至该角的一边上单击，再移至角的另一边上单击，最后拖动鼠标到要放置角度标示的位置单击，如图 3-48 所示。

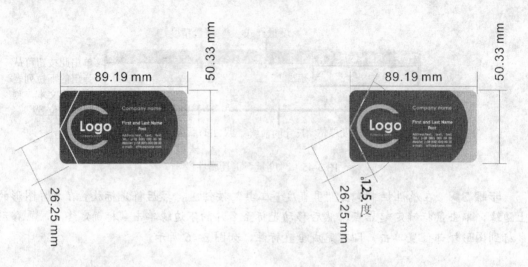

图 3-47　添加水平与倾斜标注　　　　　　　　　　　图 3-48　添加角度标注

步骤 6▶　单击属性栏中的"标注工具"按钮 ⊿，可以为图形增加注释信息。此时应通过逐次单击确定注释的起点、拐点和终点，然后输入注释信息，如图 3-49 所示。

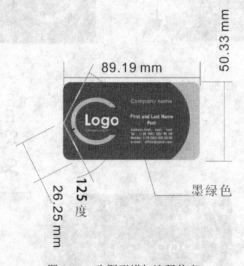

图 3-49　为图形增加注释信息

　　在属性栏中单击"自动度量工具"按钮 💬 时，依次单击确定标注的起点、终点和放置标注的位置，此时系统会根据标注放置位置标注两点间的垂直距离和水平距离。若想改变文本字体与大小可用"挑选"工具 ☞ 选中文本，然后在"文本"属性栏中的"字体"列表框中选择字体样式，在"大小"框中键入值即可。

综合实训——绘制迷人的海边夜色

浩瀚的夜空下一轮皎洁的明月，美得让人陶醉、让人窒息，偶尔几只海燕掠过海面，为夜空画上闪亮的一笔。星光点点、海浪起伏、高大的椰子树为这种美丽又增添了几分浪漫。下面让我们一起用 CorelDRAW 来绘制这迷人的画面吧，如图 3-50 所示。

利用"钢笔"工具绘制大海，利用"3 点曲线"工具绘制椰子树，利用预设和笔刷工具绘制波浪和海燕，星光可使用"星形"工具绘制。

图 3-50 迷人的海边夜色

步骤 1▶ 打开本书配套素材"素材与实例"\"Ph3"文件夹中的"06.cdr"，如图 3-51 所示。

步骤 2▶ 下面先绘制大海。利用"钢笔"工具在页面下方绘制海面轮廓，如图 3-52 所示。

图 3-51 打开素材文件

图 3-52 绘制不规则图形

步骤 3▶ 选择"交互式填充"工具，在属性栏设置"填充类型"为"线性"，然后设置线性渐变的起点和终点颜色分别是深蓝色和蔚蓝色，渐变中心点位置为 60，如图 3-53 所示，用户可通过拖动渐变控制线两端的起点和终点控制框，调整渐变填充方向。最后取消图形的轮廓线颜色，此时填充效果如图 3-54 所示。

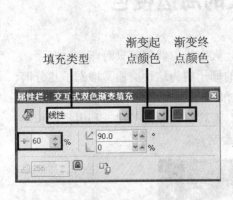

图 3-53　设置填充属性　　　　　　　　　　图 3-54　填充效果

步骤 4▶　下面绘制椰树。利用"贝塞尔"工具📏绘制如图 3-55 左图所示树叶和树干。

步骤 5▶　用"挑选"工具📌调整树叶图形的位置组成椰树，然后将椰树填充为深蓝色，轮廓线颜色为湖蓝色，如图 3-55 右图所示。

步骤 6▶　利用"椭圆形"工具⭕绘制两个圆形作为椰子，其填充和轮廓线颜色与椰树相同，效果如图 3-56 所示。

图 3-55　绘制与填充椰树　　　　　　　　　　图 3-56　绘制椭圆

步骤 7▶　利用"挑选"工具📌选中所有椰树图形，将其放置在如图 3-57 左图所示位置，然后再复制一份，调整椰树尺寸，放置于如图 3-57 右图所示位置。

图 3-57　调整椰树位置并复制椰树

步骤 8▶ 选择"艺术笔"工具 ，在属性栏中单击"预设"按钮 ，并参照图 3-58 左图所示设置"艺术笔工具宽度"和"样式"，然后在圆月的底端绘制一条图 3-58 右图所示的线条作为浮云，并设置其填充色为"10％黑"，无轮廓线。

图 3-58 绘制浮云

步骤 9▶ 在属性栏中单击"笔刷"按钮 ，按照图 3-58 左图所示设置参数，然后利用该笔触在海面上绘制海浪，如图 3-59 右图所示。

图 3-59 绘制海浪

步骤 10▶ 继续用"笔刷"按钮 在月亮处绘制一些线条，组成海鸥图形，如图 3-60 所示。

步骤 11▶ 利用"星形"工具 在页面中绘制一些四角星，填充颜色为白色，无轮廓线，并放置于画面的右上角。此时，画面效果如图 3-61 所示。至此，本例就制作好了。

图 3-60 绘制海鸥   图 3-61 绘制四角星

本章小结

本章主要介绍了"手绘"工具、"贝塞尔"工具、"艺术笔"工具、"钢笔"工具、"折线"工具、"3 点曲线"工具、"交互式连线"工具和"度量"工具的使用方法。其中,"贝塞尔"工具和"钢笔"工具的使用方法相似,属于本章所学工具中较为灵活的工具,需要大量的练习才能运用自如;而艺术笔工具组对于制作一些水墨、图案等艺术效果极为方便。

思考与练习

一、填空题

1. 在艺术笔工具组的属性栏中提供了_____、_____、_____、_____和_____5种笔触。

2. 如果希望绘制连续折线,可使用_____工具。

3. 使用"贝塞尔"工具和"钢笔"工具绘制线条时,要绘制曲线,需要_____鼠标并_____;要绘制连续直线,只需_____鼠标即可;要结束绘制,可按_____键。

二、问答题

1. 简述使用"手绘"工具绘制线条的特点。

2. 简述"贝塞尔"工具和"钢笔"工具的特点。

三、操作题

打开本书配套素材"素材与实例"\"Ph3"文件夹中的"07.cdr"文件,如图 3-62 所示。结合本章所介绍的工具,描绘出公鸡的大致轮廓。

提示:

步骤 1▶ 利用"贝塞尔"工具和"钢笔"工具绘制公鸡的身体、鸡冠、尾巴、翅膀、脚和嘴巴,并使用"交互式填充"工具填充渐变色(参数设置可参考素材文件)。

步骤 2▶ 利用"椭圆形"工具绘制眼睛,在操作过程中,如果有必要,可以利用"排列">"顺序"菜单下的命令调整对象的顺序。

图 3-62　素材文件

第4章　编辑路径与对象

【本章导读】

虽然利用 CorelDRAW 的绘图工具可以绘制各种各样的图形，但有时也不能满足我们的需求，这时就可以用强大的路径和对象编辑工具，对图形进行各种调整。

【本章内容提要】

- ☑ 了解对象、几何图形、曲线、路径和轮廓的区别
- ☑ 掌握使用"形状"工具编辑路径的方法
- ☑ 掌握修饰与修整路径的方法
- ☑ 了解裁切与擦除对象的方法

4.1　关于对象、几何图形、曲线、路径与轮廓

在 CorelDRAW 中，很多读者经常会被对象、图形、曲线和路径这几个概念搞得晕头转向。下面我们就来对它们进行简单地说明。

4.1.1　基本概念

- **对象**：在 CorelDRAW 中，所有独立存在的图形和位图都是对象。
- **几何图形**：使用"矩形"工具□、"椭圆形"工具○、"多边形"工具○、"星形"工具⊠等绘制的图形称为几何图形。

- **曲线**：使用"螺纹"工具 ⊚、"手绘"工具 ⦚、"贝塞尔"工具 ⦚、"钢笔"工具 ⦚、"折线"工具 ⦚ 和"3 点曲线"工具 ⦚ 等绘制的图形称为曲线。此外，使用艺术笔工具组绘制的图形属于一种具有特殊属性的曲线。虽然它们本身只是一条曲线，但用户可为其设置填充和轮廓属性。

- **路径**：由一个或多个直线或曲线线段组成，可分为开放路径和闭合路径。默认情况下，用户只能为闭合路径设置填充属性。此外，若将多个路径组合为单个对象，此对象称作复合路径，复合路径中的每一个路径叫子路径。

- **轮廓**：指图形的边线。对于使用"矩形"工具 ⬚、"螺纹"工具 ⊚、"钢笔"工具 ⦚ 等绘制的几何图形和曲线而言，轮廓和路径是一致的。但是，对于使用"艺术笔"工具 ⦚ 绘制的图形，路径和轮廓是不同的，如图 4-1 所示。

图 4-1　关于路径与轮廓

在使用"形状"工具 ⦚ 对几何图形和路径进行编辑时效果是不同的。例如，在使用"形状"工具 ⦚ 拖动用"星形"工具 ⦚ 绘制的星形节点时，图形会发生整体变化。如果选择"排列" > "转换为曲线"菜单，将星形转换为曲线，再次拖动节点，则只会影响节点两侧线条，如图 4-2 所示。

图 4-2　使用"形状"工具编辑几何图形和路径的区别

另外，使用"形状"工具 ⦚ 编辑图形和路径时，属性栏和右键快捷菜单的内容也是完全不同的，如图 4-3 所示。也就是说，只有将图形转换为路径，才能为其增加、删除节点，或者改变节点类型。

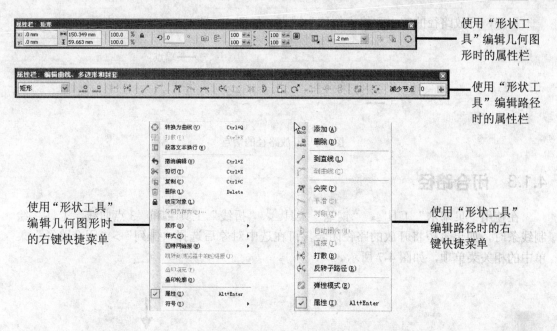

使用"形状工具"编辑几何图形时的属性栏

使用"形状工具"编辑路径时的属性栏

使用"形状工具"编辑几何图形时的右键快捷菜单

使用"形状工具"编辑路径时的右键快捷菜单

图 4-3　使用"形状"工具编辑几何图形和路径时的属性栏和右键快捷菜单

4.1.2　路径

不论是开放路径还是闭合路径，都具有节点、控制柄、线段，其特点如下。

- **节点与控制柄**：路径上有一些蓝色矩形小点，称之为节点。使用"形状"工具 拖动节点可以改变节点的位置，从而改变路径的外观。节点又分为直线节点和曲线节点两大类。当选取曲线节点时，节点一侧或两侧会出现蓝色带箭头的控制柄，通过调整控制柄可以更改曲线的形状，如图 4-4 所示。直线节点没有控制柄。

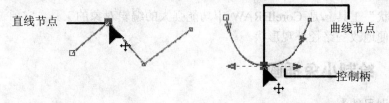

直线节点

曲线节点

控制柄

图 4-4　直线节点和曲线节点

- **线段**：是指两个节点之间的路径部分。它根据节点的类型也相应分为直线段和曲线段两种，如图 4-5 所示。

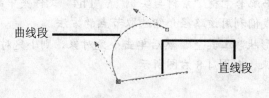

曲线段

直线段

图 4-5　曲线段和直线段

另外，开放路径的起点和终点统称为端点，如图 4-6 所示。

端点━━

端点━━

图 4-6　开放路径的端点

4.1.3　闭合路径

在使用"贝塞尔"工具、"钢笔"工具、"折线"工具和"3 点曲线"工具绘制线条时，如果希望将开放的路径闭合，可在选中对象后选择"排列">"闭合路径"菜单中的相关菜单项，如图 4-7 所示。

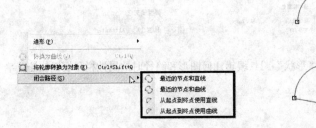

图 4-7　闭合开放的路径

4.2　使用"形状"工具编辑路径

"形状"工具是 CorelDRAW 中功能强大的编辑对象的工具，它通过编辑节点或线段可以方便地改变路径外观形状。

实训 1　绘制小兔插画

【实训目的】

● 掌握使用"形状"工具选择节点的方法。
● 掌握节点的分类和各类型节点的特点。

【操作步骤】

步骤 1▶　打开本书配套素材"素材与实例"\"Ph4"文件夹中的"01.cdr"文件，如图 4-8 左图所示。下面我们利用该路径介绍选取节点的方法。

步骤 2▶　选择"形状"工具，然后单击小兔对象，则小兔对象上的所有节点将以空心方块的形式显示出来，如图 4-8 右图所示。

图 4-8　打开素材文件并用"形状"工具选取对象

步骤 3▶ 将光标移至某个节点上单击，即可选中该节点。如选中曲线节点，节点会呈蓝色实心方块状并显示节点控制柄，且其相邻节点也会显示出靠近该节点的那个控制柄，如图 4-9 所示。

图 4-9　选取单个节点

步骤 4▶ 如要选择多个节点，可按住【Shift】键，并使用鼠标逐个单击要选择的节点，或者拖出一个选择框来框选多个节点，如图 4-10 所示。

图 4-10　选取多个节点

 知识库

选中对象后，选择"编辑">"全选">"节点"菜单，可选择对象上的所有节点；要取消节点选择，只需在对象外单击鼠标即可；要仅取消多个选定节点中的某个节点，应按下【Shift】键单击要取消选择的节点；选择多个节点时，将不再显示节点控制柄。

如前所述，从大的方面讲，节点可分为直线节点和曲线节点。曲线节点又可细分为单侧曲线节点、对称节点、平滑节点、尖突节点等,如图 4-11 所示。下面结合"形状"工具属性栏简要介绍各类型节点的特点及转换方法,如图 4-12 所示。

| 直线节点 | 单侧曲线节点 | 对称节点 | 平滑节点 | 尖突节点 |

图 4-11　节点的类型

图 4-12　"形状"工具属性栏

- **直线节点**:该节点两侧均为直线。单击属性栏中的"转换直线为曲线"按钮,可将该节点变为单侧曲线节点,使用"形状"工具拖拽控制柄端点即可看到转换效果,如图 4-13 示。

图 4-13　将直线节点变为单侧曲线节点

- **单侧曲线节点**:该节点一侧为直线,一侧为曲线。单击属性栏中的"转换曲线为直线"按钮,可将其变为直线节点;单击属性栏中的"平滑节点"按钮,可将其变为平滑节点(此时控制柄与其一侧直线始终在一条直线上),如图 4-14 右图所示。

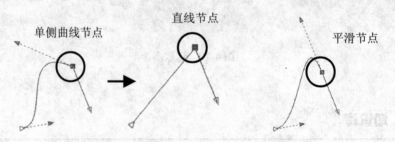

图 4-14　将单侧曲线节点变为直线节点或平滑节点

- **对称节点**:单击节点一侧控制柄端点并拖动,另一侧控制柄的方向与长度会与之同步变换,并且两者始终位于同一直线上。单击属性栏中的"平滑节点"按钮,可将其变为平滑节点;单击属性栏中的"转换曲线为直线"按钮,可将其变为单侧曲线节点；单击属性栏中的"使节点成为尖突"按钮，可使其成为尖突节点，如图 4-15 所示。

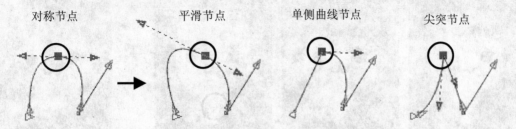

图 4-15　将对称节点变为平滑节点、单侧曲线节点或尖突节点

● **平滑节点**：单击节点一侧控制柄端点并拖动，另一侧控制柄的长度不会受影响，但两者始终位于同一直线上。单击属性栏中的"转换曲线为直线"按钮，可将其变为单侧曲线节点；单击属性栏中的"使节点成为尖突"按钮，可使其成为尖突节点；单击属性栏中的"生成对称节点"按钮，可将节点转换为对称节点。如图 4-16 所示。

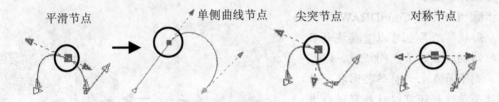

图 4-16　将平滑节点变为单侧曲线节点、尖突节点或对称节点

● **尖突节点**：调整节点一侧控制柄的长度和方向时，另一侧控制柄的长度和方向不受影响，从而可以制作凹形路径。单击属性栏中的"转换曲线为直线"按钮，可将其变为单侧曲线节点；单击属性栏中的"平滑节点"按钮，可将其变为平滑节点；单击属性栏中的"生成对称节点"按钮，可将节点转换为对称节点，如图 4-17 所示。

图 4-17　将尖突节点变为单侧曲线节点、平滑节点或对称节点

步骤 5▶　在属性栏中单击"延展与缩放节点"按钮，所选节点周围将出现 8 个缩放手柄，分别拖动上下两个延展手柄将小兔的耳朵进行变换，如图 4-18 所示。最终效果如图 4-19 所示。

图 4-18　缩放节点　　　　　　　　　　　图 4-19　最终效果

实训 2　绘制小鸡插画

【实训目的】

● 掌握使用"形状"工具 ![] 编辑路径的方法。

【操作步骤】

步骤 1▶　在 CorelDRAW 中，利用"形状"工具 ![] 可以直接拖动节点、控制柄端点或节点间线段，以及增加、删除节点来调整路径形状。另外，结合属性栏还可以对路径进行更全面的编辑。

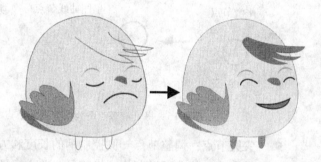

步骤 2▶　打开本书配套素材"素材与实例"\"Ph4"文件夹中的"02.cdr"文件，如图 4-20 左图所示。

图 4-20　素材图片与最终效果

下面，利用"形状"工具 ![] 与其属性栏将图形调整为如图 4-20 右图所示效果。

步骤 3▶　选择"形状"工具 ![]，然后单击嘴巴曲线，此时将显示对象上的所有节点，如图 4-21 左图所示。

步骤 4▶　单击 4-21 中图所示节点并拖动，调整路径的形状，其效果如图 4-21 右图所示。

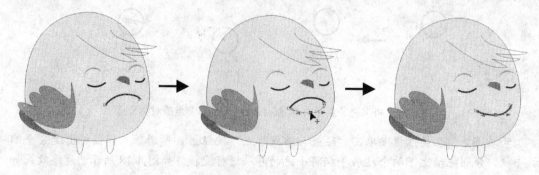

图 4-21　单击节点并拖动

84

如果选择多个节点，然后单击其中某个节点并拖动，此时可保持选定节点之间的线段形状不变，而改变其他线段的形状，如图 4-22 所示。

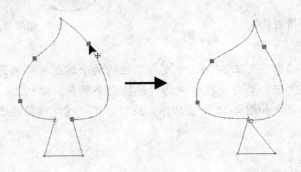

图 4-22　同时移动多个节点

步骤 5▶ 利用 "形状" 工具 分别选中两只眼睛曲线，并显示其节点，然后单击并拖动曲线节点的控制柄，改变路径的形状。此时，小鸡面部表情发生改变，如图 4-23 所示。

图 4-23　改变眼睛曲线形状

选中路径后，用 "形状" 工具 在路径段上双击鼠标左键，可在鼠标单击处添加一个节点；或者用 "形状" 工具 在路径段上单击，此时单击处将出现一个小圆黑点，然后单击属性栏中的 "添加节点" 按钮 ，即可在该处增加一个节点；如果要同时添加多个节点，可先使用 "形状" 工具 同时选择多个节点，再单击 "添加节点" 按钮 ，即可在每个选中的节点前面添加一个新的节点。

选中节点后，双击节点或按【Delete】键，或单击属性栏中的 "删除节点" 按钮 可删除节点，如图 4-24 所示。

图 4-24 增加和删除节点

步骤 6▶ 利用"形状"工具 选中发梢路径的两个端点（必须是开放路径或复合路径），如图 4-25 左图所示。单击属性栏中的"连接两个节点"按钮 ，可以将两个端点合并形成一个封闭的路径，如图 4-25 中图所示。此时，可以对发梢路径进行填充，如图 4-25 右图所示。

图 4-25 使用"连接两个端点"按钮连接端点

知识库

选中路径上的某个节点，然后单击属性栏中的"断开曲线"按钮 ，可以在所选节点处断开路径，利用"形状"工具 移开节点即可看到断开效果。此时，闭合路径将变为开放路径，开放路径将变为两个开放路径。

步骤 7▶ 分别选中图 4-26 左图所示路径，然后单击属性栏中的"自动闭合曲线"按钮 ，可以闭合开放路径。此时，可以对路径进行填充操作，如图 4-26 右图所示。

图 4-26 使用"自动闭合曲线"按钮闭合曲线

步骤 8▶ 利用"形状"工具 选中嘴巴路径的两个端点，单击属性栏中的"延长曲线使之闭合"按钮 ，也可将开放路径闭合，如图 4-27 所示。

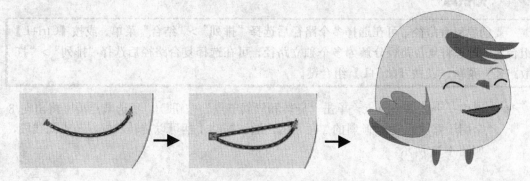

图 4-27　利用"延长曲线使之闭合"按钮闭合曲线

步骤 9▶ 利用"形状"工具 选中鼻子路径上的所有节点，单击"转换直线为曲线"按钮 ，直线节点将变为带控制柄的曲线节点，此时调整控制柄即可得到曲线，如图 4-28 右图所示。

步骤 10▶ 最后，利用"形状"工具 编辑小鸡的细节部分，如图 4-29 所示。

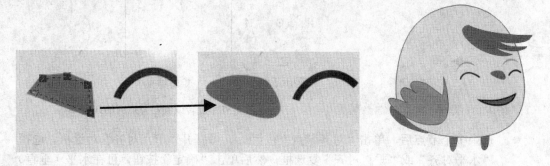

图 4-28　将直线段转换成曲线段　　　　　　　　图 4-29　编辑细节部分

"形状"工具 属性栏提供了几乎所有的节点编辑工具，但是这些按钮并不总是可用的，它会根据当前操作情况有效或无效。

● 若当前选择了曲线节点，单击"转换曲线为直线"按钮 ，可将所选节点和它前面节点间的曲线段转换为直线段；单击"使节点成为尖突"按钮 、"平滑节点"按钮 和"生成对称节点"按钮 ，可改变所选节点的类型，从而改变曲线形状。

● 选中路径或某个节点，单击属性栏中的"反转选定子路径的曲线方向"按钮 ，可将曲线的首尾节点进行交换，从而改变曲线路径的方向。

● 当路径为包含两个或多个子路径的复合路径时，选中某个子路径上的任一节点，单击"提取子路径"按钮 ，可将该子路径变成独立路径，此时该路径上的节点将显示为红色。选择"挑选"工具 ，在空白处单击取消对象选择，然后单击选择两个路径中的一个，可以看到提取子路径效果，如图 4-30 所示。

知识库

要创建复合路径，可在选择多个路径后选择"排列">"结合"菜单，或按【Ctrl+L】组合键。若想将复合路径分解为多个独立路径，可在选择复合路径后选择"排列">"打散路径"菜单，或按【Ctrl+L】组合键。

● 选中一个或多个节点，单击"旋转和倾斜节点"按钮，所选节点周围将出现 8 个用于缩放或旋转/倾斜的黑色手柄，通过拖动手柄可以旋转和倾斜节点间线段，如图 4-31 所示。

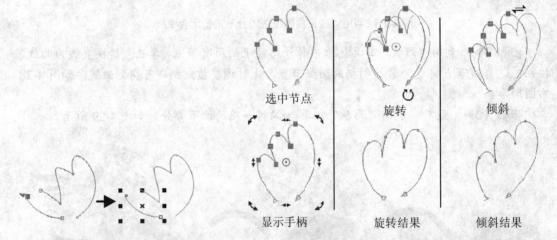

选中节点 　　　　旋转 　　　　倾斜

显示手柄 　　　　旋转结果 　　　　倾斜结果

图 4-30　提取子路径 　　　　图 4-31　旋转或倾斜节点间的线段

● 选中多个节点后，单击"对齐节点"按钮，可打开"节点对齐"对话框。选择"水平对齐"或"垂直对齐"复选框，然后单击"确定"按钮，可在水平（垂直）方向对齐节点，如图 4-32 所示。

图 4-32　对齐节点

4.3　修饰与修整路径

选择"涂抹笔刷"工具，单击路径并拖动，可以改变路径的外形；使用"粗糙笔刷"

工具 🖉可以使路径产生锯齿或刺状效果；利用"排列" > "造型"菜单中的命令，可对多个对象进行运算，从而获得自己需要的图形。

实训 1　绘制绵羊插画——使用"涂抹笔刷"与"粗糙笔刷"工具

【实训目的】
- 了解"涂抹笔刷"工具 🖉的用法。
- 了解"粗糙笔刷"工具 🖋的用法。

【操作步骤】

步骤 1▶ 打开本书配套素材"素材与实例" \ "Ph4"文件夹中的"03.cdr"文件，如图 4-33 左图所示。下面，分别利用"涂抹笔刷"工具 🖉和"粗糙笔刷"工具 🖋来修改图形，使其变成图 4-33 右图所示效果。

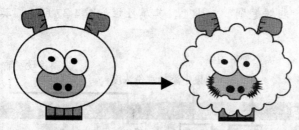

图 4-33　修改图形前后对比效果

步骤 2▶ 打开工具箱中的形状工具组，选择"涂抹笔刷"工具 🖉，其属性栏如图 4-34 所示，在其中可以为工具设置合适的笔尖大小、效果、倾斜角度及方向等参数。

图 4-34　"涂抹笔刷"工具属性栏

步骤 3▶ 属性设置好后，利用"涂抹笔刷"工具 🖉单击选中要修改的路径，如图 4-35 左图所示。

步骤 4▶ 将光标放置于路径的内部，按下鼠标左键并向路径外拖动，即可改变路径，最终效果如图 4-35 右图所示。

图 4-35　利用"涂抹笔刷"工具修改路径

步骤 5▶ 利用"涂抹笔刷"工具 ✐ 单击选中图 4-36 左图所示路径，然后将光标放置于路径的外部，按下鼠标左键并向路径内拖动，修改路径后效果如图 4-36 右图所示。

图 4-36 利用"涂抹笔刷"工具涂抹对象内部

.提示.

利用"涂抹笔刷"工具 ✐ 涂抹对象内部时，应在选择对象后从对象外部向内拖动；涂抹对象外部时，应在选择对象后从对象内部向外拖动。

步骤 6▶ 选择"粗糙笔刷"工具 ✎ ，其属性栏如图 4-37 所示，其中部分参数的意义如下所示。

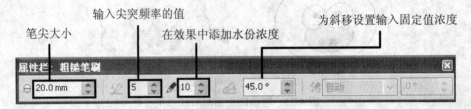

图 4-37 "粗糙笔刷"工具属性栏

- ● **"笔尖大小"编辑框** ⊘ 19.0 mm ：用于设置粗糙变形的笔尖大小。
- ● **"输入尖突频率的值"编辑框** 1 ：用于设置粗糙区域内尖刺的数量，输入范围为 1~10 内的数值。
- ● **"在效果中添加水份浓度"编辑框** ✐ 0 ：用于设置拖动过程中逐渐增加粗糙尖刺的数量，取值范围为 - 10~10。
- ● **"为斜移设置输入固定值"编辑框** 45.0 ：可指定粗糙变形时尖刺的高度，其取值范围为 1~90。值越小，尖刺越高；反之，值越大，尖刺越低。

步骤 7▶ 笔刷属性设置好后，利用"粗糙笔刷"工具 ✎ 单击选中要修改的路径（如图 4-38 左图所示），将光标放置在路径的边缘，单击鼠标即可使路径边缘产生粗糙效果，如图 4-38 右图所示。

图 4-38 使用"涂抹笔刷"修改路径形状

在使用"涂抹笔刷"工具 和"粗糙笔刷"工具 修改矩形、椭圆形、多边形及预设形状等几何图形时，应先按【Ctrl+Q】组合键或选择"排列" > "转换为曲线"菜单，把它们转换为曲线对象。

实训2 绘制小鸭插画——使用"造形"命令

【实训目的】

● 掌握"造形"菜单中各命令的用法。

【操作步骤】

步骤1▶ 打开本书配套素材"素材与实例" \ "Ph4" 文件夹中的 "04.cdr" 文件，如图 4-39 左图所示。下面，我们要将这些图形进行修整并组成一个卡通形象，如图 4-39 右图所示。

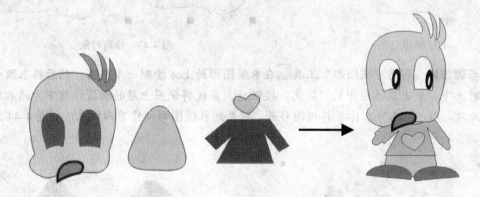

图 4-39 素材文件

步骤2▶ 利用"挑选"工具 选择如图 4-40 所示的两个对象，单击属性栏中的相应按钮，或选择"排列" > "造形"菜单中的命令，即可对路径进行修整，如图 4-41 所示。

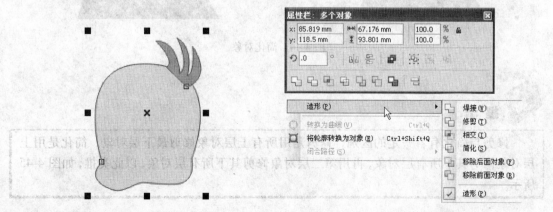

图 4-40 选择要修整的对象　　　　　图 4-41 属性栏与"造形"菜单

步骤 3▶ 在属性栏中单击"焊接"按钮，或选择"造形"菜单中的"焊接"命令，可以将选中的两个对象合为一体，并删除其重叠部分。此时，新对象将保持与位于下方对象的填充和描边属性一致，如图 4-42 所示。

步骤 4▶ 利用"挑选"工具将眼睛图形放置于图 4-43 左图所示位置，然后将眼睛与头部全部选中，单击属性栏中的"修剪"按钮，系统将使用上方的眼睛图形修剪下方的头部轮廓对象。此时，用"挑选"工具将眼睛图形移开，可得到图 4-43 右图所示效果。

图 4-42　焊接对象　　　　　　　　　　图 4-43　修剪对象

步骤 5▶ 利用"椭圆形"工具在衣服图形的上方绘制一个椭圆，然后将衣服和椭圆同时选中，单击属性栏中的"简化"按钮，系统将使用上层的椭圆修剪下方的衣服图形。此时，用"挑选"工具将椭圆移开，可看到衣服图形被修剪后效果，如图 4-44 右图所示。

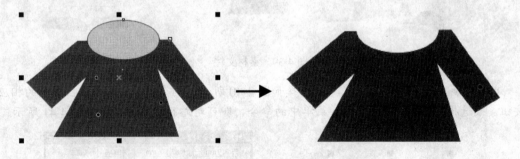

图 4-44　简化对象

.提 示.

　　修剪与简化有着一定的区别，修剪是用所有上层对象修剪最下层对象。简化是用上层对象修剪其下所有层对象，再用第二层对象修剪其下所有层对象，以此类推，如图 4-45 所示。

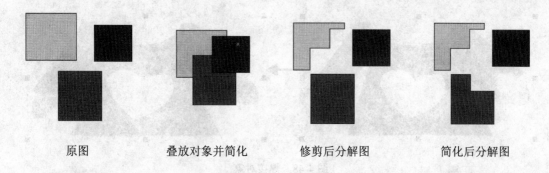

原图　　　　　　叠放对象并简化　　　　修剪后分解图　　　　简化后分解图

图 4-45　简化对象

步骤 6▶　利用"挑选"工具将桃心图形放置在衣服图形上，然后选中两个图形，单击属性栏中的"移除前面对象"按钮，系统将使用上层的桃心图形移除下方的衣服图形，其效果如图 4-46 右图所示。

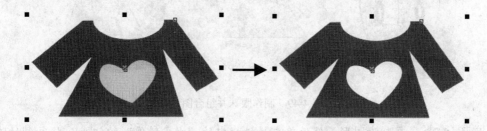

图 4-46　移除前面对象

步骤 7▶　利用"3 点矩形"工具绘制一个倾斜的矩形，然后用"椭圆形"工具绘制一个椭圆，将两者叠放在一起并同时选中，单击属性栏中的"移除后面对象"按钮，系统将使用下层的矩形移除上层椭圆的叠加部分，并将矩形自动删除，其效果如图 4-47 右图所示。

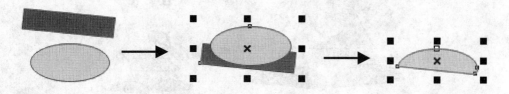

图 4-47　移除后面对象

步骤 8▶　利用"3 点椭圆形"工具在衣服图形的袖口各绘制一个椭圆，然后同时选中两个椭圆和衣服图形，单击属性栏中的"焊接"按钮，将三者合为一个对象，如图 4-48 右图所示。

步骤 9▶　利用"椭圆形"工具在眼睛区域绘制椭圆，制作出眼珠图形；用"挑选"工具将鼻子图形放置在图 4-49 左图所示位置；更改衣服图形的填充颜色为粉绿色，如图 4-49 中图所示；将步骤 7 中制作的图形填充为橙色作为脚，并放置于图 4-49 右图所示位置。

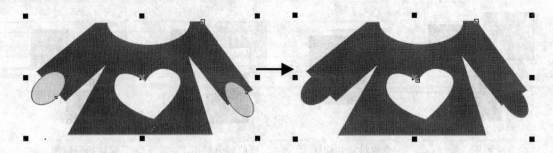

图 4-48　焊接对象

图 4-49　制作眼珠并组合图形

步骤 10▶　复制脚图形，然后单击属性栏中的"水平镜像"按钮，将复制的脚图形水平镜像，并放置于图 4-50 左图所示位置，最后将身体与头部组合在一起，如图 4-50 右图所示。这样，一个简单的卡通形象就完成了。

图 4-50　复制并水平镜像对象

知识库

选中两个或多个对象后，单击属性栏中的"相交"按钮，可以将多个对象的重叠部分创建一个新对象，原对象保留。此时，将原对象移开，即可看到新对象，如图 4-51 所示。单击"创建围绕选定对象的新对象"按钮，可以根据所选对象的外轮廓创建一个新路径，原对象保留，如图 4-52 所示。

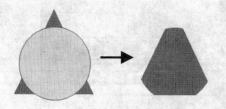

图 4-51 相交对象

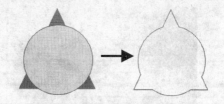

图 4-52 创建对象边界

4.4 裁切与擦除对象

使用"裁切"工具 可以裁切矢量图形、位图、文本等。其中，文本被裁切后将变成曲线对象。

使用"刻刀"工具 可以自由切割某一选定对象，但它无法切割群组对象和应用了轮廓、阴影、立体化等特殊效果的对象。

使用"橡皮擦"工具 可以将图形和位图中不需要的部分擦除。同样，"橡皮擦"工具 也只能擦除单一的图形对象。

使用"虚拟段删除"工具 可以删除相交图形的重叠部分。

实训 1 绘制少女插画——使用"裁切"与"刻刀"工具

【实训目的】
● 掌握"裁切"工具 的用法。
● 掌握"刻刀"工具 的用法。

【操作步骤】

步骤 1▶ 打开本书配套素材"素材与实例"\ "Ph4"文件夹中的"05.cdr"文件，如图 4-53 所示。下面，我们要将该文件编辑成图 4-54 所示效果。

图 4-53 素材文件

图 4-54 效果图

步骤 2▶ 利用"挑选"工具 选中图 4-55 左图所示图形，然后选择"裁切"工具 ，在选中的对象上拖动鼠标绘制一个裁切框，要保留的区域变为突出显示，而将要裁切掉的区域变暗，如图 4-55 右图所示。

图 4-55　选择对象与绘制裁切框

步骤 3▶ 将光标放置在裁切框内，按下鼠标左键并拖动可以移动裁切区域；在裁切框的调节块上单击并拖动，可以调整区域大小；再次单击裁切框，会出现多个旋转调节手柄，拖动它可进行自由旋转，如图 4-56 左图所示。

步骤 4▶ 裁切区域编辑好后，在裁切框内双击鼠标左键，即可将裁切框区域以内的对象保留，裁切区域以外部分将被清除，如图 4-56 右图所示。

图 4-56　旋转裁切框与裁剪对象后效果

·知识库·

在属性栏中显示了裁切区域中心的绝对坐标位置和裁切区域的相对大小，输入数值可进行精确调节。另外，按【Esc】键或在属性栏中单击"清除裁剪选取框"按钮可撤销裁切。

步骤 5▶ 利用"挑选"工具 ![icon] 选中页面区域外的红色心形，然后将其复制一份，并设置填充颜色为白色，如图 4-57 右图所示。

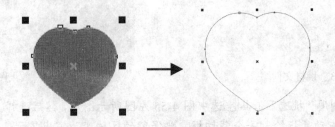

图 4-57　复制心形并更改填充颜色

步骤 **6▶**　选择"刻刀"工具 ，然后将光标放置在白色心形的轮廓上，当光标呈 形状时，单击鼠标左键，确定切割线的起点。将光标移至另一点单击，即可将一个封闭的图形分割为两个独立封闭图形。此时，可以将分割后的图形填充不同的颜色，取消轮廓线颜色，放置一边备用，如图 4-58 所示。

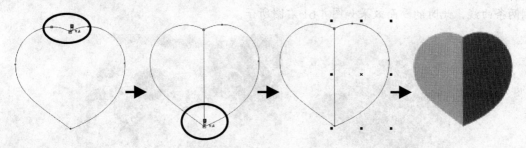

图 4-58　切割封闭图形

利用"刻刀"工具 也可以切割开放路径，其切割结果是将两个单击点之间的曲线删除，取而代之的是两个切割点间所连接的线段，如图 4-59 所示。

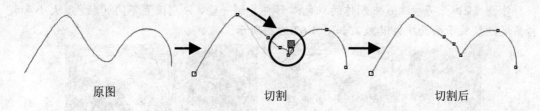

原图　　　　　　　　　切割　　　　　　　　　切割后

图 4-59　切割开放路径

步骤 **7▶**　读者还可以像使用"贝塞尔"工具 一样使用"刻刀"工具 绘制曲线切割线。将红色心形再复制一份，设置填充颜色为黄色。按住【Shift】键不放，并利用"刻刀"工具 在对象轮廓上单击并拖动，创建一个对称节点，如图 4-60 左图所示。

步骤 **8▶**　将光标放置在对象轮廓的另一点，单击并拖动鼠标，绘制曲线切割线，释放鼠标和按键后，即可沿曲线切割对象，如图 4-60 中间两图所示。为方便读者查看切割效果，将两个对象填充为不同的颜色，如图 4-60 右图所示。

图 4-60　用"刻刀工具"绘制曲线切割对象

步骤 9▶ 将图 4-60 右图所示的黄色图形删除，然后将剩余图形的填充和轮廓线颜色都设置为白色，放置在红色心形上作为高光，其效果如图 4-61 左图所示。

步骤 10▶ 将红色心形和高光复制两份，然后更改心形的填充颜色，分别进行缩放和旋转操作，并参照图 4-61 右图所示效果放置，再利用"手绘"工具 在心形的下方随意绘制两条曲线，此时的画面效果如图 4-61 右图所示。

图 4-61　复制图形并绘制曲线

步骤 11▶ 利用"钢笔"工具 沿人物图象的边缘绘制线条，利用属性栏设置其轮廓线宽度为 2mm，然后复制两份并设置不同的轮廓线颜色，再分别进行旋转操作，其效果如图 4-62 左图所示。

步骤 12▶ 将步骤 6 中制作的双色心形再复制一些，分别设置不同的颜色、大小和旋转角度，散放于画面中，其效果如图 4-62 右图所示。

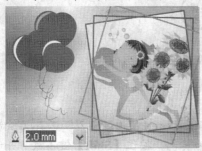

图 4-62　绘制线条与复制双色心形

在"刻刀"工具 属性栏中提供了两个工具按钮："保留为一个对象"按钮 和"裁切时自动闭合"按钮 （默认被选中），如图 4-63 所示，其作用分别如下所示：

● 同时选中"保留为一个对象"按钮 和"裁切时自动闭合"按钮 ，则切割后的路径自动闭合，且仍为一个对象，如图 4-64 所示。

图 4-63　"刻刀和橡皮擦"工具属性栏

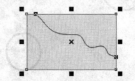

图 4-64　同时选中"保留为一个对象"按钮和"裁切时自动闭合"按钮时切割图形

● 单独选中"保留为一个对象"按钮，在切割路径时，则路径自单击点处被分切
割。在这种情况下，对于开放路径而言，一条路径将变成由两条路径组成的复合
路径（属于一个对象，可统一进行移动、旋转和变换）；对于封闭路径而言，切割
后将变为开放路径（使用"形状"工具移开节点，可以查看切割效果），如图
4-65 所示。

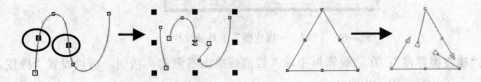

图 4-65　单独选中"保留为一个对象"按钮时的切割效果

● "保留为一个对象"按钮和"裁切时自动闭合"按钮都不选中，则通过在路
径上单击确定切割点，可将开放路径分为两部分，或将闭合路径变成开放路径。
如果对路径进行多次切割，则每个独立路径都成为单独对象，用户可对它们进行
单独编辑，如图 4-66 所示。

图 4-66　对路径进行多次切割

实训 2　设计圣诞贺卡——使用"橡皮擦"与"虚拟段删除"工具

【实训目的】
● 掌握"橡皮擦"工具的用法。
● 掌握"虚拟段删除"工具的用法。

【操作步骤】

步骤 1▶　打开本书配套素材"素材与实例"\ "Ph4"文件夹中的"06.cdr"文件，如
图 4-67 所示。首先，我们要利用"橡皮擦"工具制作降落伞效果。

图 4-67　素材文件

步骤 2▶ 利用"挑选"工具 选中降落伞红色的部分，然后选择"橡皮擦"工具 ，其属性栏如图 4-68 所示。

橡皮擦厚度　　擦除时自动减少

屏性栏: 刻刀和橡皮擦工具

□ 1.0 mm

圆形/方形

图 4-68　"刻刀和橡皮擦"工具属性栏

● **"橡皮擦厚度"：** 在该编辑框中输入数值或单击右侧的 按钮，可以设置"橡皮擦"工具 笔尖的大小。

● **"擦除时自动减少"按钮 ：** 选中该按钮，可在擦除对象时减少所产生的节点。

● **"圆形/方形"按钮 □（○）：** 单击 □ 按钮，可以将"橡皮擦"工具 笔尖形状转换成圆形 ○，再次单击可返回方形。

步骤 3▶ 在属性栏中设置"橡皮擦厚度"为 3，然后单击 □ 按钮，使笔尖形状转换为圆形 ○，如图 4-69 左图所示。

步骤 4▶ 将光标移至对象上，按下并拖动鼠标擦拭要擦除的区域。释放鼠标后，即可擦除选定对象的一部分，如图 4-69 右图所示。

屏性栏: 刻刀和橡皮擦工具

□ 3.0 mm

图 4-69　设置"橡皮擦"工具属性并擦除对象

知识库

利用"橡皮擦"工具 擦除图形后，封闭图形仍保持封闭形态，开放式图形仍保留开放形态。另外，利用该工具也可以擦除导入的位图图像。

步骤 5▶ 下面利用"虚拟段删除"工具 编辑松树图形。在工具箱中选择"虚拟段删除"工具 ，移动光标到叠加的线段上，指针将变成 状，单击鼠标左键，即可将该线段删除，如图 4-70 所示。

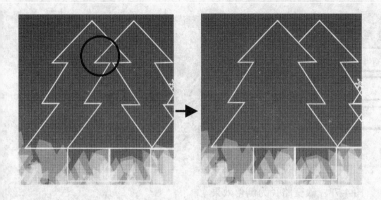

提示

利用"虚拟段删除工具" 删除线段后，会把封闭的路径转换为开放路径。

图 4-70 利用"虚拟段删除"工具删除一条线段

步骤 6▶ 要删除多条线段，可利用"虚拟段删除"工具 在要删除线段的周围拖出一个矩形框，释放鼠标后，矩形区域框接触到的线段都被删除，如图 4-71 所示。

图 4-71 删除多条线段

步骤 7▶ 用"挑选"工具 选中中间的松树，选择"窗口">"泊坞窗">"圆角/扇形切角/倒角"菜单，打开"圆角/扇形切角/倒角"泊坞窗，在"操作"下拉列表中选择"圆角"并设置"半径"为"1.0mm"，单击"应用"按钮，效果如图 4-72 右图所示。

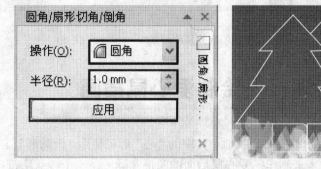

图 4-72 改变路径为圆角效果

步骤 8▶ 用"挑选"工具 选中右边的松树，在"圆角/扇形切角/倒角"泊坞窗的"操作"下拉列表中选择"倒角"并设置"距离"为"1.0mm"，单击"应用"按钮，效果如图 4-73 右图所示。

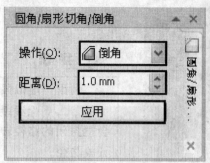

图 4-73 改变路径为倒角效果

提示

若圆角/扇形切角/倒角的半径或距离大于相应的线段，则会弹出图 4-74 所示的对话框。可单击"确定"按钮查看效果，若对效果不满意可取消上步操作并重新设置半径或距离大小。

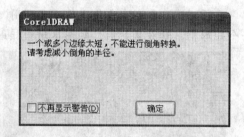

图 4-74 转换角提示对话框

步骤 9▶ 复制一个降落伞并进行缩放与旋转操作，移动到红色礼品盒的上方。将所有降落伞和礼品盒放置到贺卡左边，并改变伞绳的颜色为白色，如图 4-75 所示。

图 4-75 复制、缩放并移动对象

综合实训——绘制爱心鼠插画

在本例中将绘制图 4-76 所示的爱心鼠插画，其中的"心"形可使用"椭圆形"工具⊙、"焊接"命令和"形状"工具⟋来制作；爱心鼠后面的图形实际上是一个特殊字符；画面中的星星可使用"星形"工具☆绘制，然后进行复制和移动；爱心鼠的整体轮廓可使用"折线"工具⌐绘制，然后进行平滑和节点调整获得；爱心鼠面部使用"钢笔"工具◢绘制；耳朵可使用"3 点曲线"工具⌇绘制；爱心鼠的眼睛、嘴和眉毛可使用"椭圆形"工具⊙及"3 点曲线"工具⌇绘制；爱心鼠的领结可使用"钢笔"工具◢绘制。

步骤 1▶　打开本书配套素材"素材与实例"\"Ph4"文件夹中的"07.cdr"文件，该文件包含两个页面，首先将页面 1 设置为当前页面，如图 4-77 所示。

图 4-76　爱心鼠效果图

图 4-77　素材文件

步骤 2▶　下面制作心形。利用"椭圆形"工具 ⬭ 在页面中绘制两个规格为 150×150mm 的圆形，并参照图 4-78 所示效果放置。

步骤 3▶　利用"挑选"工具 ⬚ 同时选中两个圆形，然后单击属性栏中的"焊接"按钮 ⬚，得到图 4-79 所示效果。

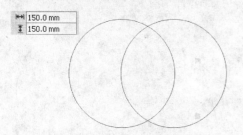

图 4-78　绘制圆形

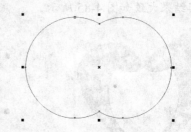

图 4-79　焊接圆形

步骤 4▶　选中焊接后的图形，然后利用"形状"工具 ⬚ 双击图 4-80 左图所示的两个节点，将它们删除。

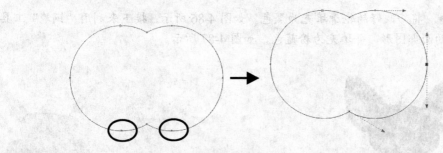

图 4-80　删除节点

步骤 5▶　利用"形状"工具 ⬚ 将删除节点后的图形调整成心形（如图 4-81 左图所示），并将其填充为品红色，无轮廓线，然后放置于页面的中心，如图 4-81 右图所示。

步骤 6▶ 切换到页面 2，利用"挑选"工具 选中图 4-82 左图所示图形，然后将其复制到页面 1 中，并放置于图 4-82 右图所示位置。

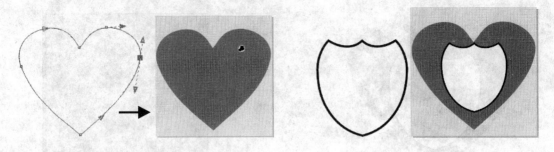

图 4-81　制作心形　　　　　　　　　　　　图 4-82　复制对象

步骤 7▶ 利用"星形"工具 绘制五角星，其填充色为白色，轮廓线为无。复制五角星并将填充色更改为黄色，然后复制多个白色和黄色五角星，围绕心形内边缘放置，并制作黄白相间效果，如图 4-83 所示位置。

步骤 8▶ 选择"折线"工具 绘制爱心鼠的大致轮廓，如图 4-84 所示。保持该轮廓的选中状态，利用"形状"工具 框选该轮廓中所有的节点，单击鼠标右键，在弹出的快捷菜单中依次选择"到曲线"、"平滑"菜单，然后利用"形状"工具 及其属性栏修改图形，使其结果大致如图 4-85 所示。

　　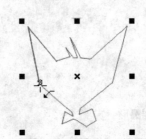　　

图 4-83　绘制装饰图案　　　　图 4-84　绘制大体轮廓　　　　图 4-85　修改轮廓

步骤 9▶ 将修改好的轮廓填充为黑色，如图 4-86 所示。接下来利用"钢笔"工具 绘制爱心鼠的面部图形，并填充为粉蓝色，如图 4-87 所示。

图 4-86　为轮廓填充颜色　　　　　　图 4-87　绘制爱心鼠面部轮廓并填充颜色

步骤 10▶ 下面绘制耳朵。用"3 点曲线"工具绘制图 4-88 左图所示的两个图形作为左耳。图形 1 填充粉红色；图形 2 填充黑色，均取消轮廓线，如图 4-88 中图所示。

步骤 11▶ 利用"挑选"工具同时选中两个图形，然后原位置复制一份，单击属性栏中的"水平镜像"按钮，得到镜像的右耳图形，如图 4-88 右图所示。

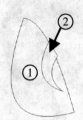

图 4-88　绘制爱心鼠的耳朵

步骤 12▶ 将"大致轮廓"、"面部"和"双耳"进行组合，调整各部分的大小及位置，如图 4-89 所示。

步骤 13▶ 用"挑选"工具选中"面部"图形，选择"排列" > "顺序" > "到页面前面"菜单，将面部图形置于所有对象的上方，如图 4-90 所示。

图 4-89　组合对象　　　　　　　图 4-90　调整图形顺序

步骤 14▶ 利用"椭圆形"工具、"3 点曲线"工具和"钢笔"工具绘制爱心鼠的五官，其中"鼻子"填充橙色，鼻头的高光、眼珠内的高光均填充白色（如图 4-91 左图所示），然后与其他部分进行组合，如图 4-91 右图所示。

步骤 15▶ 用"钢笔"工具绘制图 4-92 左图所示的路径作为领结，其填充颜色为橙色，然后将它们放置于如图 4-92 右图所示位置。

图 4-91　绘制五官并与面部组合　　　　　図 4-92　绘制领结并与头部组合

步骤 16▶ 利用"挑选"工具选中"大致轮廓"部分，利用"橡皮擦"工具在嘴部进行擦除，得到两颗门牙，如图 4-93 左图所示。

步骤 17▶ 利用"挑选"工具 选中爱心鼠的所有部分，并放置于页面的中心，然后将页面 2 中的文字图形放置到画面中，最终效果如图 4-93 右图所示。

图 4-93　擦除图形、调整爱心鼠的位置并放置文字

本章小结

本章主要介绍了如何用形状工具编辑路径，如何对图形、线条进行修饰、擦除、裁切等。本章所介绍的知识都很重要，使用频率也非常高，特别是对于"形状"工具 的使用方法，读者应重点练习。

思考与练习

一、填空题

1. _____工具可以通过编辑节点和线段方便地改变曲线外观形状。

2. 利用_____工具可以方便地裁切矢量图形或位图；利用"刻刀"工具 切割对象时，按住_____键的同时，可以使用曲线切割对象。

3. 使用_____工具可以擦除矢量图形和位图中不需要的部分。

4. 使用_____工具可以删除相交对象中的一部分。

二、问答题

1. 在图形中，节点有哪些类型？如何改变其类型？

2. "造形"菜单中提供了哪些修整命令？如何利用它们来修整对象？

3. 如何利用"裁切"工具 裁切图形？

4. 使用"刻刀"工具 切割封闭路径和开放路径时，其效果有何不同？

5. 使用"橡皮擦"工具 擦除封闭路径和开放路径时，其效果有何不同？

三、操作题

打开本书配套素材"素材与实例"\"Ph4"文件夹中的"08.cdr"文件，如图 4-94 左图所示，然后结合本章所介绍的工具将其调整为如图 4-94 右图所示效果。

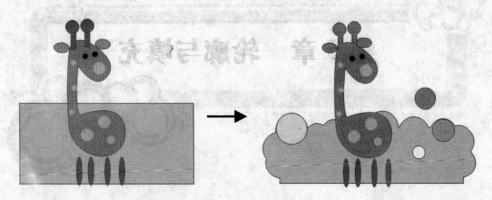

图 4-94　编辑路径形状

提示：

步骤 1▶　利用"焊接"命令将鹿角与头部合为一体，利用"形状"工具调整树丛的形状，并根据操作需要添加节点。

步骤 2▶　利用"椭圆形"工具 绘制一些圆形，并填充不同的颜色。

第 5 章　轮廓与填充

【本章导读】

在 CorelDRAW 中，用户可以为绘制的图形编辑轮廓线，制作出不同效果的轮廓样式；还可以为图形内部填充颜色、图案、位图或底纹等，从而使画面更加丰富、多变。

【本章内容提要】

☞ 掌握编辑轮廓线与标准填充的方法
☞ 掌握使用渐变、图案与纹理填充对象的方法
☞ 掌握交互式填充和网状填充工具的用法
☞ 了解智能填充、滴管和颜料桶工具的用法

5.1　编辑轮廓线与填充纯色

在 CorelDRAW 中，一般的对象均具有轮廓线和填充两种属性。

● 轮廓线是指构成路径的线条。

● 填充则是在某一封闭形状的对象内填入单一颜色、渐变色、位图或图案等内容。

默认状态下，CorelDRAW 绘制的图形只有细细的黑色轮廓线，而无填充色。我们可以使用相关工具为轮廓和图形内部设置不同的填充属性。

如前所述，要简单地为对象设置轮廓线和填充颜色，可分别单击或右击窗口右侧"默认 CMYK 调色板"中的颜色块。要修改对象的轮廓颜色、宽度、样式和填充颜色等属性，可在选中对象后双击状态栏右侧的"轮廓颜色" 和"填充" ◇☒按钮，此时系统将分别打开"均匀填充"对话框和"轮廓笔"对话框，如图 5-1 所示。

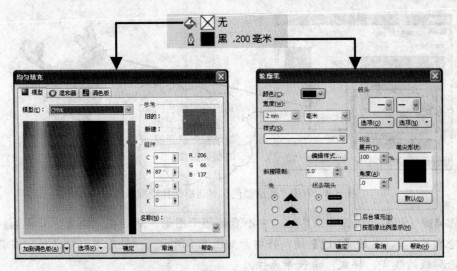

图 5-1　修改对象的填充和轮廓

实训 1　绘制小鹿——编辑轮廓线

【实训目的】

● 掌握编辑轮廓线的基本方法。

【操作步骤】

步骤 1▶ 打开本书配套素材 "素材与实例" \ "Ph5" 文件夹中的 "01.cdr" 文件，然后利用 "挑选" 工具 选中鹿角，如图 5-2 左图所示。

步骤 2▶ 单击工具箱中的 "轮廓" 工具 ，将显示如图 5-2 中图所示工具列表，其中包含了一些轮廓线宽度预设值，分别为："无"、"细线"、"1/2 点"、"1 点"、"2 点"、"8 点"、"16 点" 和 "24 点"，通过单击相应的选项可以直接改变选定对象的轮廓线宽度，如选择 "8 点"，此时鹿角的轮廓线效果如图 5-2 右图所示。

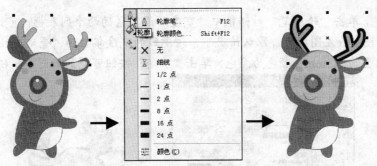

图 5-2　利用 "轮廓" 工具设置轮廓线宽度

步骤 3▶ 在 "轮廓" 工具 列表中选择 "轮廓颜色" 选项，将打开如图 5-3 左图所示的 "轮廓颜色" 对话框，从中可以使用 "模型"、"混合器" 和 "调色板" 来设置轮廓色，在 "组件" 设置区中的 4 个编辑框中设置数值，选择所需颜色，单击 "确定" 按钮，即可将所选颜色应用于轮廓线，如图 5-3 右图所示效果。

图 5-3 利用"轮廓颜色"对话框选择轮廓颜色

步骤4▶ 利用"挑选"工具 选中小鹿的躯干图形，然后在"轮廓"工具 列表中选择"轮廓笔" ，或按【F12】键，将打开如图 5-4 所示的"轮廓笔"对话框，在其中可以设置轮廓线的线宽、样式、箭头等属性。

步骤5▶ 单击"轮廓笔"对话框中的"颜色"按钮 ，在颜色下拉列表中单击某个色块（如宝石红），可以为轮廓线设置颜色，如图 5-5 所示。

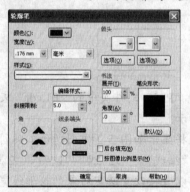

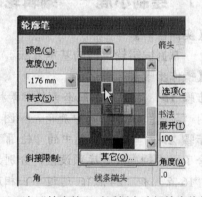

图 5-4 "轮廓笔"对话框   图 5-5 在"轮廓笔"对话框中选择轮廓线颜色

步骤6▶ 单击"轮廓笔"对话框中"宽度"设置区的两个列表框，可设置轮廓线宽度和单位，如图 5-6 左图所示。默认情况下，轮廓线的宽度单位为"毫米（mm）"。这里将轮廓线宽度设置为 2.5mm，颜色为黑色，单击"确定"按钮可得到如图 5-6 右图所示效果。

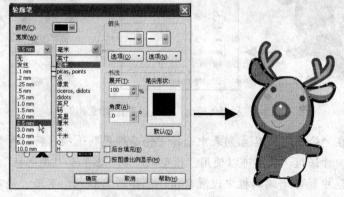

图 5-6 设置轮廓线颜色、宽度及单位

步骤 7▶　在"轮廓笔"对话框中单击"样式"下拉列表框，可在显示的列表中为轮廓线选择一种样式，单击"确定"按钮可得到如图 5-7 右图所示效果。

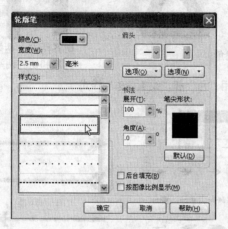

图 5-7　选择线条样式

步骤 8▶　利用"挑选"工具 选中嘴巴、手臂和肚皮图形，如图 5-8 左图所示。双击状态栏中的"轮廓颜色"图标 ，打开"轮廓笔"对话框，设置"角"样式为"圆角"，"线条端点"为"两端延伸成半圆形"，单击"确定"按钮，对所选图形应用这些设置，如图 5-8 中图所示。此时，小鹿的轮廓线设置效果如图 5-8 右图所示。

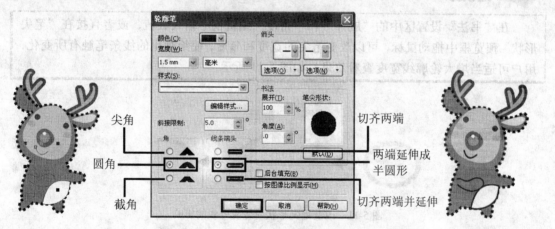

图 5-8　选择对象、设置转角和线条端头样式及效果

　　应用"角"和"线条端头"样式的图形效果，分别如图 5-9 所示。利用"轮廓笔"对话框还可以在路径的端点添加箭头，调整笔头的形状、延展和角度等。在"箭头"设置区中单击左右两边的样式框，可分别在显示的列表中为线条的起始点和结束点选择一种箭头样式，如图 5-10 所示。

尖角、圆角和截角

切齐两端、两端延伸成半
圆形和切齐两端并延伸

图 5-9 应用"角"和"线条端头"样式

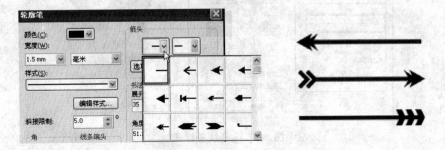

图 5-10 选择箭头样式

知识库

在"书法"设置区中的"展开"和"角度"编辑框中输入数值，或者直接在"笔尖形状"预览框中拖动鼠标，可以改变笔尖的宽度和角度，使绘制出的线条笔触有所变化，用户可适当增大轮廓线宽度查看效果，如图 5-11 所示。

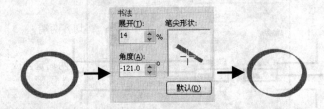

图 5-11 改变笔尖形状对轮廓外观的影响

知识库

当为具有填充颜色的对象设置轮廓线时，如勾选"后台填充"复选框，可将轮廓线置于对象的下方；如选中"按图像比例显示"复选框，则缩放对象时，线条宽度也会随之缩放，如图 5-12 所示。

一般情况下，只能为图形轮廓线填充纯色。通过选择"排列">"将轮廓转换为对象"菜单，可以将对象的轮廓线分离为一个单独的对象。此时，可以为其填充颜色、纹理或进行轮廓线设置，如图 5-13 所示。

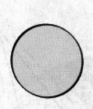

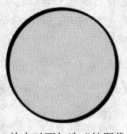

原图　　　　勾选"后台填充"　　放大时不勾选"按图像　　放大时勾选"按图像比
　　　　　　复选框效果　　　　比例显示"复选框效果　　例显示"复选框效果

图 5-12　改变"后台填充"与"按图像比例显示"勾选状态的不同效果

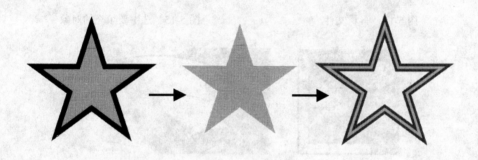

图 5-13　移动、描边并填充转换后的轮廓对象

提 示

使用"将轮廓转换为对象"命令不能分离群组对象的轮廓。

实训 2　绘制热带鸟——填充纯色

所谓标准填充是指为图形填充单一的颜色，这是 CorelDRAW 最基本的填充方式。我们除了可以利用"默认 CMYK 调色板"为图形填充颜色外，还可利用其他调色板、"均匀填充"对话框和"颜色"泊坞窗来选择颜色。

【实训目的】

● 　熟练应用调色板填充对象。

● 　掌握使用"均匀填充"对话框和"颜色"泊坞窗填充对象的方法。

【操作步骤】

步骤 1▶ 　打开本书配套素材"素材与实例"\"Ph5"文件夹中的"02.cdr"文件，如图 5-14 所示。下面，我们通过对小鸟进行填充来学习调色板、"均匀填充"对话框和"颜色"泊坞窗的用法。

步骤 2▶ 　利用"挑选"工具 选中如图 5-15 所示图形区域，使用鼠标左键单击调色板上所需的色块，可为对象指定填充颜色（如红色）；使用鼠标右键单击调色板上所需的色块，可为对象设置轮廓色（如粉色），如图 5-16 所示。

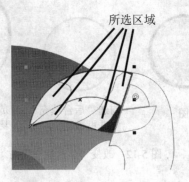

所选区域

图 5-14　素材文件　　　　　　　　　　图 5-15　选中要填充的对象

图 5-16　利用调色板为对象设置填充色和轮廓色

小技巧

　　将调色板上的颜色直接拖曳到要填充的对象上也可以为对象填充颜色。将光标移至对象内部，此时，光标显示为 ➤▪ 状态，释放鼠标可填充对象内部；将光标移至对象轮廓上，此时，光标显示为 ➤▫ 状态，释放鼠标可填充对象轮廓。

　　步骤 3 ▶ 利用"挑选"工具 ➤ 选中如图 5-17 左图所示图形区域，使用鼠标左键单击调色板上所需的色块，为对象指定填充颜色（如黄色）；使用鼠标右键单击调色板顶部的 ⊠ 按钮，取消对象的轮廓线颜色，如图 5-17 右图所示。如果使用鼠标左键单击 ⊠ 按钮，则可删除对象的填充颜色。

所选区域

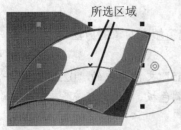

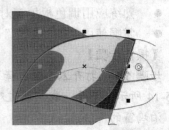

图 5-17　填充对象并取消轮廓线颜色

默认状态下，只有"默认 CMYK 调色板"被打开。要使用其他调色板，可选择"窗口">"调色板"菜单中的相关选项。

步骤 4▶ 利用"挑选"工具 选中如图 5-18 所示图形区域，单击"填充"工具 ，在显示的工具列表中选择"均匀填充"，或按【Shift+F11】组合键，或双击状态栏中的"填充"图标 白，打开如图 5-19 所示"均匀填充"对话框，其中提供了"模型"、"混合器"、"调色板" 3 种设置颜色的方式，在"模型"选项卡中进行设置是最常用的颜色设置方式。

步骤 5▶ 在"模型"下拉列表框中选择需要的色彩模式（如 CMYK 模式），然后拖动色相轴上的滑块来设定色彩区域，并在色彩选择区内单击选择需要的颜色。也可在"组件"设置区中设定颜色值来得到所需的颜色，或直接在"名称"下拉列表框中选择一种预设的颜色。单击"确定"按钮，即可使用所选颜色填充对象，如图 5-20 所示。

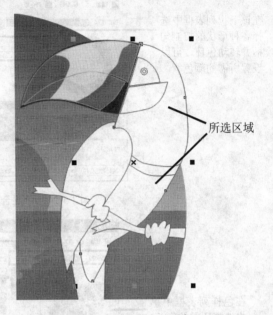

图 5-18 选择要填充的对象

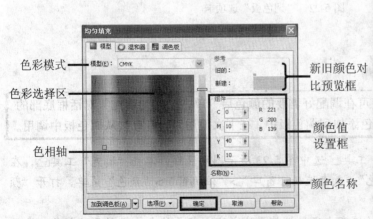

图 5-19 "均匀填充"对话框的"模型"选项卡

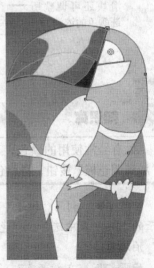

图 5-20 利用"均匀填充"对话框填充对象

·知识库·

图 5-21 和图 5-22 所示分别为单击"混合器"选项卡及"调色板"选项卡。

在该下拉列表框中选
择各种形状的控制句
柄并转动色环，可以
设置所需的颜色

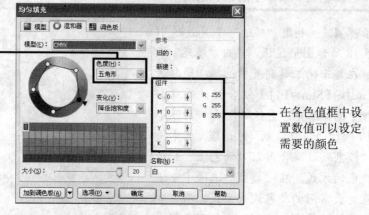

在各色值框中设
置数值可以设定
需要的颜色

图 5-21　"混合器"选项卡

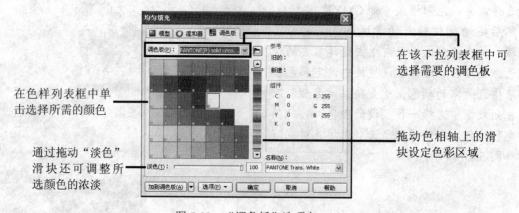

在该下拉列表框中可
选择需要的调色板

在色样列表框中单
击选择所需的颜色

拖动色相轴上的滑
块设定色彩区域

通过拖动"淡色"
滑块还可调整所
选颜色的浓淡

图 5-22　"调色板"选项卡

·知识库·

如有经常使用的颜色，可在调配好需要的颜色后，单击"均匀填充"对话框底部的
"加到调色板"按钮，将颜色添加到调色板中。在下次使用时，可直接从调色板中调用。

步骤 6▶ 利用"挑选"工具选中图 5-23 所示图形区域，单击"填充"工具，在
显示的工具列表中选择"颜色"，或者选择"窗口">"泊坞窗">"颜色"菜单，打开"颜
色"泊坞窗。

步骤 7▶ 在"颜色"泊坞窗中通过调节滑块或输入颜色值来选择所需的颜色，参数
设置及填充效果如图 5-24 所示，单击"填充"按钮为所选区域填充颜色。如果在"颜色"

泊坞窗中单击"轮廓"按钮，可以为所选对象设置轮廓线颜色。

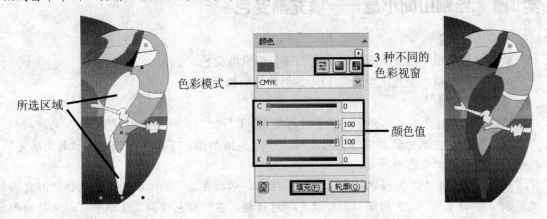

图 5-23　选择对象　　　　　　　图 5-24　使用"颜色"泊坞窗填充对象

步骤 8▶　根据个人喜好，并结合使用前面介绍的各种方法，填充小鸟的其他区域，其最终效果如图 5-25 所示。

图 5-25　最终效果

5.2　填充渐变、图案与纹理

渐变填充是用两种或几种颜色之间的过渡色填充，它是经常使用的填充方式，可以制作出很强的层次感和金属光泽的效果。

图案填充、纹理填充和 PostScript 填充是 CorelDRAW 中最出色的填充功能，使用它们可以弥补传统矢量绘图只能填充颜色的缺陷。

"交互式填充"工具[图]功能强大，它不但可以为图形填充渐变色、图案和纹理，还可以修改填充效果。

实训 1 绘制山间小屋——填充渐变色

【实训目的】

● 熟练应用"渐变填充"对话框创建与编辑渐变色。

● 熟练应用"交互式填充"工具 创建与编辑渐变色。

【操作步骤】

步骤 1▶ 打开本书配套素材"素材与实例"\"Ph5"文件夹中的"03.cdr"文件，利用"挑选"工具 选中背景中的黄色矩形，如图 5-26 所示。下面，我们先用"渐变填充"对话框对其进行渐变色的填充。

步骤 2▶ 单击工具箱中的"填充"工具 ，然后在显示的工具列表中选择"渐变填充" ，打开如图 5-27 所示"渐变填充"对话框，在"颜色调和"区域中可以选择两种渐变类型：双色渐变填充和自定义渐变填充。

● **双色渐变填充：** 只存在两种颜色之间的过渡。

● **自定义渐变填充：** 也叫多色渐变，允许用户添加多个中间色来自定义多个颜色的渐变过渡效果。

图 5-26　打开素材文件

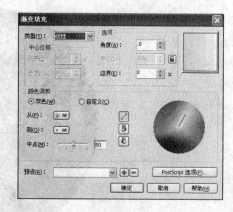

图 5-27　"渐变填充"对话框

步骤 3▶ 在"渐变填充"对话框中，单击"类型"列表框，在显示的下拉列表中包含 4 种渐变类型：线性、射线、圆锥和方角，选择不同的类型，会显示不同的渐变填充效果，如图 5-28 右图所示。

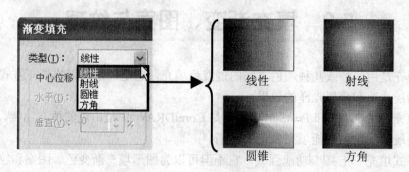

图 5-28　四种不同的渐变类型

步骤 4▶ 在 "颜色调和" 区域选中 "双色" 单选钮, 然后分别单击 "从" 和 "到"
选项右侧的颜色块, 从显示的颜色列表中选择渐变色起点和终点颜色, 例如选择湖蓝色和
淡黄色, 拖动 "中点" 滑块, 设置两颜色的中间过渡位置, 再设置 "类型" 为 "线性", "角
度" 为 -90, 如图 5-29 所示。

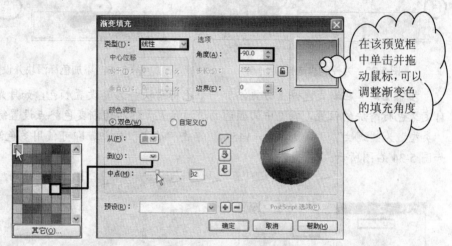

图 5-29 利用 "渐变填充" 对话框编辑双色渐变色

步骤 5▶ 属性设置好后, 单击 "确定" 按钮可用双色渐变填充对象, 如图 5-30 所示。

步骤 6▶ 利用 "挑选" 工具选中画面右侧的草地图形, 然后打开 "渐变填充" 对
话框, 在 "颜色调和" 区域中单击 "自定义" 单选钮, 此时 "颜色调和" 区域将变成如图
5-31 所示状态。

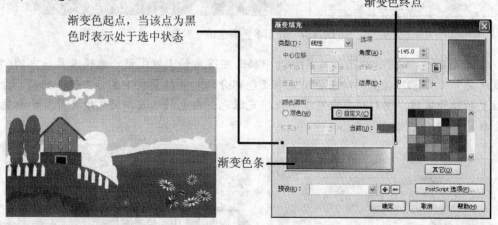

图 5-30 使用双色渐变填充背景　　　　图 5-31 "渐变填充" 对话框的 "自定义" 状态

步骤 7▶ 单击选中渐变色条左上角的起点, 然后在颜色列表中单击某个色块 (如黄
色), 即可将所选颜色应用于起点, 如图 5-32 所示。

步骤 8▶ 在渐变色起点与终点之间双击鼠标左键, 可添加一个色标滑块, 此时色标
处于选中状态 (色标呈实心状), 然后在颜色列表中为该色标滑块选择颜色, 如就绿色, 如
图 5-33 所示。左右拖动自定义添加的色标滑块, 可以改变中间颜色的位置; 要删除自定义

的色标滑块，只需双击该色标滑块即可。

图 5-32　为控制点选择颜色　　　　　　　　　图 5-33　添加色标滑块并设置颜色

步骤 9▶　　在渐变色条上方再添加一个色标滑块并为其设置颜色，如月光绿，分别拖动自定义色标滑块的位置，调整中间颜色的过渡位置，然后为渐变色终点设置绿色，设置渐变"类型"为"线性"，"角度"为 − 145°。单击"确定"按钮，即可使用多色渐变填充对象，如图 5-34 右图所示。

图 5-34　使用多色渐变填充对象

步骤 10▶　　利用"挑选"工具 选中画面左下角的山坡图形，选择工具箱中的"交互式填充"工具 ，在图形对象要填充渐变色部分的起点位置按下鼠标左键并拖动，至适当位置后松开鼠标，图形对象即可以当前填充绿色到白色的过渡渐变色填充并显示渐变色控制线，如图 5-35 右图所示。

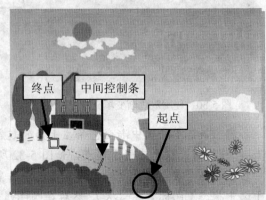

图 5-35　使用"交互式填充"工具填充渐变色

　　图 5-35 右图中虚线控制线连接的两个小方块分别代表着渐变色的起点与终点，控制线的中央有一个代表渐变色中间点的控制条。通过拖动渐变控制线两端的控制方块，可以改变渐变的方向和宽度；拖动中间的矩形控制条可以控制渐变颜色的过渡位置；通过拖动控制线，可以控制颜色渐变与图形对象之间的相对位置，如图 5-36 所示。

　　若所选图像并未填充任何颜色，则使用"交互式填充"工具█填充对象时，图像将以黑色到白色的过渡渐变色填充。如果当前所选对象已填充渐变色，则单击"交互式填充"工具█后，系统将会在图形上显示渐变调整线，而不会改变其填充内容。

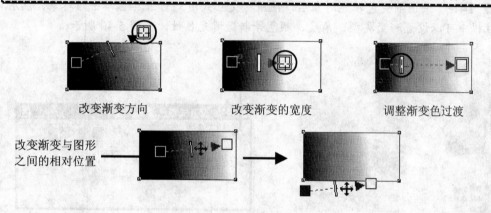

图 5-36　调整渐变填充的角度、过渡和位置

　　步骤 11▶　依次单击选中起点和终点控制方块（选中后原方块会以大一些的方框框住），然后在调色板中单击颜色方块，或者将调色板中的色块拖向控制方块，可为起点和终点控制方块设置颜色，如图 5-37 右图所示，从而改变所选对象的填充颜色。

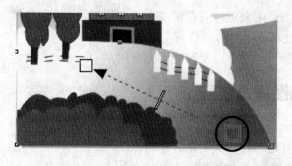 

图 5-37　为控制方块设置颜色

　　步骤 12▶　将光标移至控制线上，双击鼠标左键，可在当前位置添加中间颜色方块，参照上述方法可为该颜色方块设置颜色，左右拖动中间颜色方块，可调整中间颜色过渡，如图 5-38 右图所示。再次双击添加的中间颜色方框，可以删除该方框，以减少中间渐变色。

　　步骤 13▶　继续用前面介绍的方法，使用渐变色填充画面中的其他图形。此时，画面效果如图 5-39 所示。

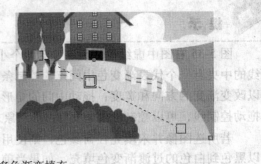

图 5-38　创建多色渐变填充

步骤 14▶　使用渐变色填充对象后，使用 "交互式填充" 工具 单击该对象，然后在其属性栏中可以设置渐变类型、角度、颜色等渐变填充属性，如图 5-40 所示。

图 5-39　使用渐变色填充其他图形

图 5-40　"交互式填充" 工具属性栏

- **"编辑填充" 按钮** ：单击该按钮，可以打开 "渐变填充" 对话框编辑渐变属性。
- **"填充下拉式" 按钮** 和 **"最后一个填充挑选器" 按钮** ：分别用于设置渐变起点与终点颜色。
- **"渐变填充中心点" 编辑框** ：用来更改双色渐变中心点位置，从而调整渐变颜色过渡。若为多色渐变，此处将变为 "节点位置" 编辑框。
- **"渐变填充角和边界" 编辑框** ：用于设置渐变填充方向。

实训 2　绘制花季少女——填充图样与纹理

【实训目的】

- 掌握使用 "图样填充" 和 "底纹填充" 对话框填充对象的方法。
- 熟练掌握利用 "交互式填充" 工具 填充与编辑图案和纹理的方法。

【操作步骤】

步骤 1▶　打开本书配套素材 "素材与实例" \ "Ph5" 文件夹中的 "04.cdr" 文件，如图 5-41 所示。下面，我们为背景、小女孩的头巾和衣服填充图样和纹理。

步骤 2▶　利用 "挑选" 工具 选中背景，然后单击 "填充" 工具 ，在显示的工具列表中选择 "图样填充" ，打开图 5-42 所示 "填充图案" 对话框，在该对话框中分别提供了"双色"、"全色"和"位图"3 种图案填充方式。

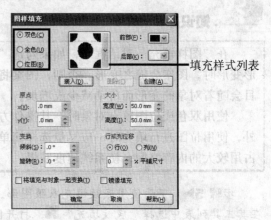

填充样式列表

图 5-41　打开素材文件　　　　　　　　　图 5-42　"图样填充"对话框

提　示

双色填充就是用两种颜色构成的图案来填充；全色填充就是使用多种颜色构成的图案或图形来填充；位图填充就是使用由像素网格或点网格组成的彩色图像进行填充。

步骤 3▶　在"图样填充"对话框中选中"全色"单选钮，然后在填充样式列表中选择所需图案。此外，在"原点"区域的"X"、"Y"编辑框中输入数值，可以确定平铺图案原点位置；在"大小"区域的"宽度"、"高度"编辑框中输入数值，可以更改平铺图案的大小；在"变换"区域的"倾斜"和"旋转"编辑框中输入数值，可以倾斜与旋转平铺图案，如图 5-43 左图所示。

步骤 4▶　参数设置好后，单击"确定"按钮，即可使用所选的图案填充对象，如图 5-44 所示。

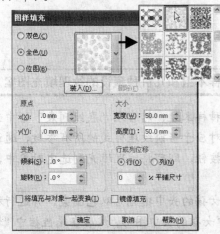

图 5-43　使用全色图案填充对象　　　　　图 5-44　使用全色图案填充对象效果

知识库

　　在"图样填充"对话框中，如果勾选"将填充与对象一起变换"复选框，则在对图形变形时，图案会随之变形。否则，图案将不随对象的变形而改变，只是图案本身的数目会随着对象的变形而自动减少或增加。

　　使用双色或位图填充对象时，其操作方法与全色填充基本相似，这里不再赘述。另外，使用位图进行填充时，应尽量选择简单一点的位图。因为使用复杂的位图填充时会占用较大的内存空间，使系统速度减慢。

　　步骤 5▶　下面使用底纹填充衣服图形。选中衣服图形，然后单击"填充"工具，在其工具列表中选择"底纹填充"，打开图 5-45 右图所示"底纹填充"对话框。

每单击一次该按钮，就会产生一个新的纹理，解锁的每个参数选项也会随机发生变化

单击该按钮，可在弹出的"底纹选项"对话框中设置位图分辨率和最大平铺宽度的大小

在每个参数选项后面都有一个按钮，单击它可以锁定或解锁相应参数选项

单击该按钮，可在弹出的"平铺"对话框中设置纹理填充的原始位置、大小、变换、行或列偏移等选项

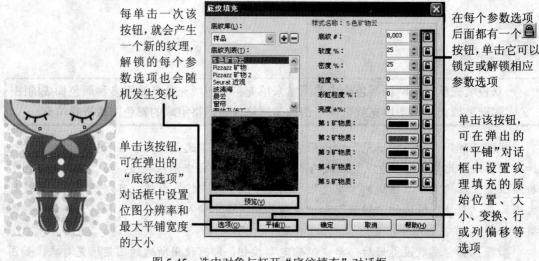

图 5-45　选中对象与打开"底纹填充"对话框

知识库

　　在"底纹填充"对话框的纹理库中提供了 9 个样本组和几百种预设的纹理填充图案。

　　步骤 6▶　在"底纹库"下拉列表框中选择一种样本组，然后在"底纹列表"框中选择需要的纹理效果，在"样式名称"区域中会显示对应于当前纹理样式的所有参数，通过更改参数可以制作出新的纹理效果，单击"确定"按钮，即可将纹理填充到选定对象中，如图 5-46 所示。

　　步骤 7▶　下面利用"交互式填充"工具将女孩的头巾填充为双色图案，并进行相应的编辑操作。利用"交互式填充"工具单击选中女孩的头巾图形，然后在属性栏中"填充类型"下拉列表框中选择"双色图样"，此时属性栏显示为如图 5-47 下图所示状态。

图 5-46　使用底纹填充对象

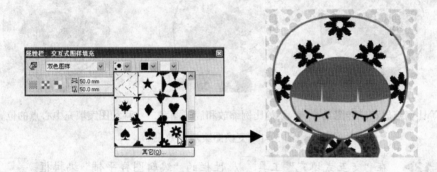

图 5-47　"交互式图样填充"属性栏

步骤 8▶　在"交互式填充"工具<img>属性栏中单击"填充下拉式"按钮<img>，在显示的图样列表中选择一种图样，即可使用所选双色图案填充对象。默认状态下，双色图样颜色由黑色和白色构成，填充效果如图 5-48 右图所示。

图 5-48　使用黑白双色图样填充对象

步骤 9▶　选中头巾图形，在"交互式填充"工具<img>属性栏中分别单击"前景色"和"背景色"下拉列表，从显示的颜色列表中选择所需颜色，可为双色图样设置前景色与背景色，如图 5-49 右图所示。

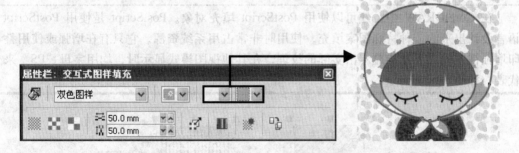

图 5-49　更改双色图样的前景色和背景色

步骤 10▶　在"交互式填充"工具<img>属性栏中分别单击"小型图案拼接"<img>、"中型图案拼接"<img>和"大型图案拼接"<img>按钮，可以产生不同的图案平铺效果，如图 5-50 所示。

图 5-50　小、中、大型图案拼接效果

步骤 11▶　利用"交互式填充"工具 拖动并旋转控制线上的圆形控制点，可以等比例地缩放和旋转图案，效果如图 5-51 左图所示；拖动代表前景色的控制点和代表背景色的控制点，可以不等比例地缩放和旋转图案，如图 5-51 中图所示；拖动菱形控制点可以移动图案填充中心点的位置，如图 5-51 右图所示。

　等比例缩放和旋转图案　　　不等比例缩放和旋转图案　　移动图案填充中心点的位置

图 5-51　变换图案填充效果

步骤 12▶　在"交互式填充"工具属性栏的"编辑图样平铺"编辑框中可以精确控制图案的大小；通过单击"变换对象的填充"按钮，可决定对象变形时图案是否也随之变形。

知识库

　　在 CorelDRAW 中，还可以使用 PostScript 填充对象。PostScript 是使用 PostScript 语言设计出来的一种特殊图案填充，使用时非常占用系统资源。它只有在增强或使用叠印增强视图模式下才能显示出实际的纹理，在其他视图模式显示时，均用字母"PS"来代表，如图 5-52 所示。

增强模式 ▶　　　　　　　　　　　　　　　◀ 草稿模式

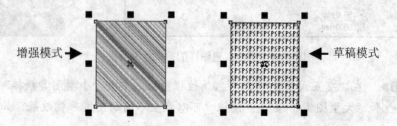

图 5-52　不同模式下 PostScript 填充的显示效果

使用 PostScript 填充的方法很简单，先选中要填充的对象，然后单击"填充"工具 列表中的"PostScript 填充对话框"按钮 ，打开"PostScript 底纹"对话框，如图 5-53 所示。在对话框中设置好相应参数后，单击"确定"按钮即可。

每选择一个 PostScript 纹理，在下面的"参数"设置区中将显示所选 PostScript 纹理对应的参数

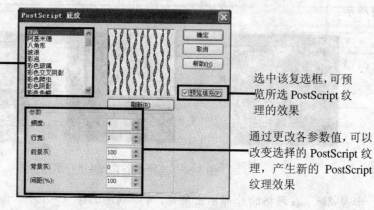

选中该复选框，可预览所选 PostScript 纹理的效果

通过更改各参数值，可以改变选择的 PostScript 纹理，产生新的 PostScript 纹理效果

图 5-53 "PostScript 底纹"对话框

5.3 其他填充

实训 1 绘制帆船插画——填充多色与复杂渐变色

使用"网状填充"工具 可以轻松制作出复杂多变的网格填充效果，用户还可以将每个网点填充上不同的颜色，并定义颜色填充的扭曲方向；利用"智能填充"工具 可以对任何封闭的对象填色，还可以对两个或多个对象重叠的区域进行填色。

【实训目的】

● 掌握用"网状填充"工具 创建复杂渐变色的方法。

● 掌握用"智能填充"工具 创建多色填充对象的方法。

【操作步骤】

步骤 1▶ 本实训中，我们将通过制作图 5-54 所示效果来学习"网状填充"工具 和"智能填充"工具 的使用方法。

步骤 2▶ 利用"矩形"工具 绘制一个填充色为深蓝色的矩形（处于选中状态），然后选择"网状填充"工具 ，此时矩形中显示出网格，如图 5-55 所示。

图 5-54 效果图

图 5-55 在矩形中显示网格

127

步骤 3▶　在"网状填充"工具 ▦ 的属性栏中，设置"选取范围模式"为"手绘"，然后利用该工具在网格的外侧按下鼠标左键并拖动，选中多个需要填充颜色的节点，然后在调色板中选择颜色，即可为选中的节点填充颜色，颜色将以节点为中心向外扩散，如图 5-56右图所示。

图 5-56　选择多个节点并进行填充

步骤 4▶　在网格的外部单击鼠标，可以取消选择节点，单击如图 5-57左图所示节点，可以显示节点的控制柄。利用鼠标移动节点的位置，或拖动节点的控制柄，可以扭曲颜色填充方向，如图 5-57所示。

图 5-57　扭曲颜色填充方向

步骤 5▶　利用"网状填充"工具 ▦ 在对象上双击鼠标左键，可以增加节点，如图 5-58所示。如果要删除节点，只需要双击节点即可。

步骤 6▶　增加多个节点，并参照与步骤 2-3相同的操作方法，同时选中多个节点并填充相同颜色，然后单独调整节点和节点控制柄，扭曲颜色填充位置，如图 5-59所示。

图 5-58　增加节点　　　　　图 5-59　为节点选择颜色并扭曲

步骤 7▶　利用"网状填充"工具 ▦ 单击选中如图 5-60左图所示节点，然后为该点选择颜色，并进行相应的颜色填充扭曲，此时画面效果如图 5-60右图所示。

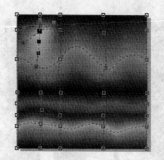 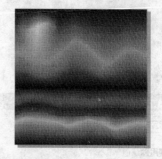

图 5-60　为一个节点设置颜色并扭曲

选中网格对象后，利用"网状填充"工具属性栏可以精确增加或减少网格数量、调整节点类型，以及清除网状填充等属性，如图 5-61 所示。

图 5-61　"交互式网状填充"工具属性栏

步骤 8▶　打开本书配套素材"素材与实例"\"Ph5"文件夹中的"05.cdr"文件，如图 5-62 所示。

步骤 9▶　利用"折线"工具在船帆上绘制一些开放的线条，如图 5-63 所示。这里值得注意的时，绘制的线条与船帆的轮廓线必须重叠，否则会得不到预期的效果，然后将页面 1 中的帆船复制到渐变网格矩形中。

 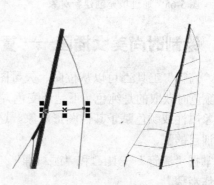

图 5-62　素材文件　　　　　　　　　图 5-63　绘制线条

步骤 10▶　选择"智能填充"工具，在属性栏中设置"填充选项"为"指定"，并在右侧的颜色列表中选择填充颜色；"轮廓选项"为"使用默认值"，然后在线条隔开的船帆区域单击鼠标，即可填充颜色，如图 5-64 中图所示。

步骤 11▶　使用相同的方法对其他区域填充不同的颜色，其效果如图 5-64 右图所示。

图 5-64 使用"智能填充"工具填充对象的重叠区域

步骤 12▶ 利用"智能填充"工具 实现智能填充，实际上是将两个或多个对象的重叠区域创建成了新对象。利用"挑选"工具 移开该填充对象，即可看到原图形依然保持原状，如图 5-65 所示。

步骤 13▶ 最后，利用"星形"工具 在画面中添加一些四角星形，使画面效果更完美，如图 5-66 所示。

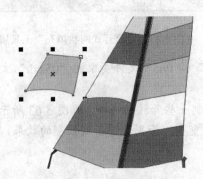

图 5-65 通过填充创建新对象　　　　　　图 5-66 绘制星形

实训 2　绘制时尚美女插画——复制对象属性与颜色

使用"滴管"工具 可以从位图、矢量图或其他任何对象上吸取对象属性或颜色，其中，吸取颜色时获取的是纯色（不是渐变色）；使用"颜料桶"工具 可将"滴管"工具 吸取的对象属性或颜色赋予其他图形对象。这两种工具是结合使用的。

【实训目的】
● 掌握"滴管"工具 和"颜料桶"工具 的使用方法。

【操作步骤】

步骤 1▶ 打开本书配套素材"素材与实例"\ "Ph5"文件夹中的"06.cdr"文件，如图 5-67 所示。

步骤 2▶ 在工具箱中选择"滴管"工具 ，在其属性栏中设置滴管的功能为"对象属性"，并根据需要设置希望复制的对象属性、变换和效果，选择好后单击"确定"按钮，如图 5-68 左图所示。单击插画左边的"花纹"对象，如图 5-68 右图所示。

图 5-67 打开素材文件

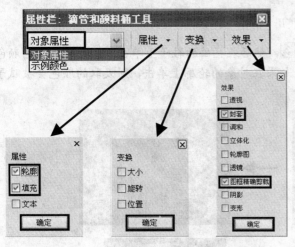

图 5-68 在属性栏中设置"滴管"工具吸取的对象属性

步骤 3▶ 选择"颜料桶"工具，单击少女的裤子，吸取的"花纹"对象属性即被复制到目标对象（裤子图案）上，如图 5-69 所示。

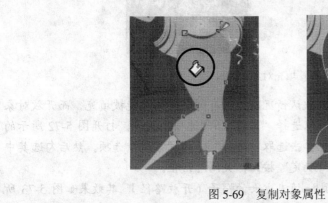

图 5-69 复制对象属性

步骤 4▶ 在 "滴管" 工具 ✍ 属性栏中设置滴管的功能为 "示例颜色","示例尺寸" 为 "5×5 像素示例",单击 "确定" 按钮,如图 5-70 左图所示。

步骤 5▶ 属性设置好后,将光标移至 "花朵" 图片上（本例为一幅位图）,单击吸取颜色（如橘黄色）,如图 5-70 右图所示。

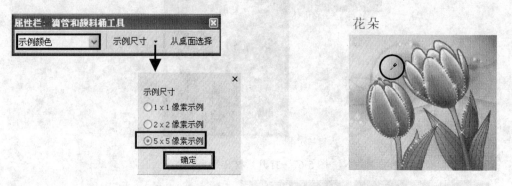

图 5-70 使用 "滴管" 工具吸取颜色

步骤 6▶ 选择 "颜料桶" 工具 ◈,然后在插画的鞋子上单击,则可将吸取的颜色填充到对象内部,如图 5-71 上图所示。如果在对象的轮廓上单击,则吸取的颜色会被赋予在对象的轮廓上,如图 5-71 下图所示。

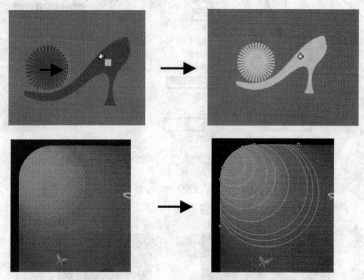

图 5-71 填充对象内部和轮廓

步骤 7▶ 在 CorelDRAW 中,默认情况下,只有闭合对象才能被填充,而开放对象无法填充。如果要填充开放对象,可以选择 "工具" > "选项" 菜单,打开图 5-72 所示的 "选项" 对话框,在其左侧列表区中单击选取 "文档" 下的 "常规" 选项,然后勾选其中 "填充开放式曲线" 复选框,单击 "确定" 按钮,关闭对话框。

步骤 8▶ 使用 "颜料桶" 工具 ◈ 填充少女的帽子（开放路径）,其效果如图 5-73 所示。

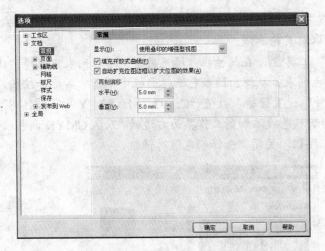

图 5-72 "选项"对话框

图 5-73 填充开放路径

.提示.

填充开放路径时，开放路径的两个端点间相当于连了一条直线，从而形成了一个封闭区域。

综合实训——绘制竹林

自古以来，竹子就给人留下了坚韧不拔的美好形象。文人赞竹，画家爱竹，下面让我们也来绘制一幅如图 5-74 所示挺拔的竹林吧！

画面背景可使用"矩形"工具绘制，使用"交互式填充"工具填充；竹子和竹节都使用"钢笔"工具绘制，并使用"交互式填充"工具填充；竹叶可使用"3 点曲线"工具绘制，并使用"交互式填充"工具填充；月亮可使用"椭圆形"工具绘制。

图 5-74 效果图

步骤 1▶　新建一个高度、宽度都为 200mm 的文档。双击工具箱中的"矩形"工具⬛，创建一个与页面同样大小的矩形，取消其轮廓线。

步骤 2▶　选择"交互式填充"工具🔲，在属性栏"填充类型"下拉列表中选择"线性"填充，打开"填充下拉式"颜色列表，从弹出的颜色选择面板中单击"其他"按钮，打开"选择颜色"对话框，在"组件"设置区输入数值"C: 92, M: 52, Y: 44, K: 8"，单击"加到调色板"按钮，所定义的新颜色被添加到工作界面右边的"默认 CMYK 调色板"中，如图 5-75 所示。单击"确定"按钮，关闭"选择颜色"对话框。

图 5-75　创建新颜色

步骤 3▶　打开"最后一个填充挑选器"颜色列表，用同样的方法创建颜色"C: 37, M: 0, Y: 16, K: 0"，并添加到"默认 CMYK 调色板"中以备后用。此时的属性栏将如图 5-76 左图所示。

步骤 4▶　参照图 5-76 右图所示调整填充控制线，然后右击矩形，在弹出的快捷菜单中选择"锁定对象"菜单项，将矩形暂时锁定。

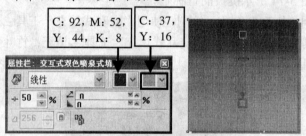

图 5-76　为矩形填充渐变色

步骤 5▶　选择"钢笔"工具🖊，绘制图 5-77 所示图形，设定轮廓线颜色为森林绿（C: 100, M: 65, Y: 100），宽度为"2.0mm"。

步骤 6▶　利用"交互式填充"工具🔲填充射线渐变效果，参数如图 5-78 左图所示，填充效果如图 5-78 右图所示。

步骤 7▶　利用"钢笔"工具🖊绘制图 5-79 所示图形，取消轮廓线，填充为绿色（C: 100, Y: 100），作为竹节的阴影。

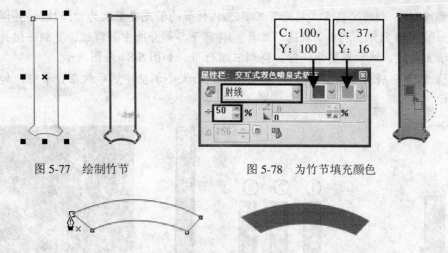

图 5-77　绘制竹节

图 5-78　为竹节填充颜色

图 5-79　绘制竹节阴影

步骤 8▶ 利用"钢笔"工具 绘制图 5-80 左图所示图形，作为竹节的反光部分。利用"交互式填充"工具 将图形填充为白色到绿色（C: 100，Y: 100）的射线填充，如图 5-80 中图所示。取消轮廓线，最后效果如图 5-80 右图所示。

图 5-80　绘制竹节反光部分

步骤 9▶ 利用"贝塞尔"工具 绘制一条曲线，线宽为"1.4mm"，颜色为森林绿（C: 100，M: 65，Y: 100），如图 5-81 左图所示。将绘制好的"竹节的阴影"、"竹节反光部分"与曲线组合到竹节合适位置，如图 5-81 右图所示。

步骤 10▶ 利用"矩形"工具 绘制两个细长矩形，分别填充为森林绿（C: 100，M: 65，Y: 100）和自定义的"C: 37，M: 0，Y: 16，K: 0"，均取消轮廓线，效果如图 5-82 左图所示。将两个矩形群组，放置于竹节的左部，并调整其大小和长短，效果如图 5-82 右图所示。至此，一个竹节就制作完成了。

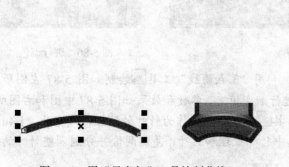

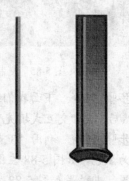

图 5-81　用"贝塞尔"工具绘制曲线

图 5-82　绘制细长矩形

步骤 11▶ 利用"交互式填充"工具 🖐 将竹节的填充类型改为"线性"，并调整填充方向，如图 5-83 所示。利用"挑选"工具 🖎 将竹子各部分选中并群组，复制一组并修改线性渐变填充角度，然后再复制一份，得到三组竹节，如图 5-84 左图所示。

步骤 12▶ 将竹节按照图 5-84 中图所示进行大小调整，然后放在背景中，如图 5-84 右图所示。

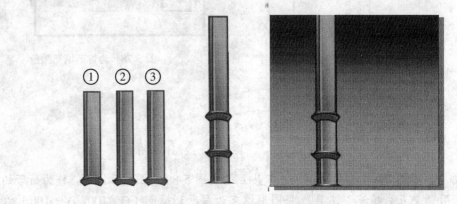

图 5-83　调整填充方式　　　　　　　　　　图 5-84　复制竹节

步骤 13▶ 选中竹子，再复制两份，然后分别进行粗细调整和适当旋转，并放置到背景中，如图 5-85 所示。

步骤 14▶ 考虑到接受光影的不同，我们将对复制的两组竹子进行调色。用"挑选"工具 🖎 选中中间的一组，单击调色板中的浅绿色（C: 60，Y: 40，K: 20），此时竹子变为浅绿色。使用相同的方法更改左边的竹子为草绿色（C: 60，Y: 40，K: 40），如图 5-86 所示。

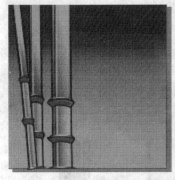
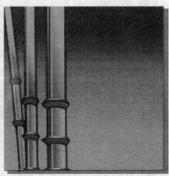

图 5-85　复制对象并排序　　　　　　　　　　图 5-86　进行调色

步骤 15▶ 下面我们绘制竹叶。利用"3 点曲线"工具 🖎 绘制如图 5-87 左图所示形状，然后利用"交互式填充"工具 🖐 进行渐变填充，参数和效果如图 5-87 中图和右图所示。

步骤 16▶ 利用"3 点曲线"工具 🖎 绘制曲线，作为竹叶的纹理，线宽为"1.4mm"，颜色为黑色，如图 5-88 左图所示。选中竹叶纹理和竹叶，复制两份并分别调整竹叶的大小及位置，其效果如图 5-88 右图所示。

步骤 17▶　选中三片竹叶，然后复制 4 组，分别进行大小及位置的调整，得到如图 5-89 所示效果。

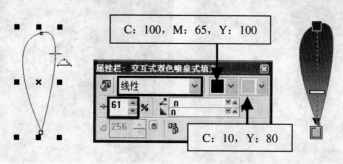

图 5-87　绘制竹叶并填充颜色

图 5-88　添加纹理并复制

图 5-89　复制并调整竹叶

步骤 18▶　按住【Ctrl】键的同时，利用 "椭圆形" 工具 绘制一个 80 × 80mm 的正圆。选择 "交互式填充" 工具 ，在属性栏设置 "填充类型" 为 "线性"，起点颜色为自定义色 "C: 37，M: 0，Y: 16，K: 0"，终点颜色为 10% 黑色，取消轮廓线，如图 5-90 所示。

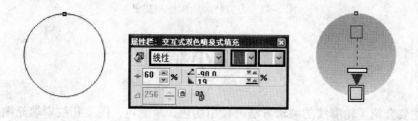

图 5-90　绘制圆并填充渐变色

步骤 19▶　将圆放置于如图 5-91 左图所示位置，然后选择 "排列" > "顺序" > "置于此对象前" 菜单，此时光标显示为一个黑色箭头 ，单击矩形，使圆形置于该对象前，画面效果如图 5-91 右图所示。

图 5-91 调整圆的位置和排列顺序

步骤 20▶ 打开本书配套素材 "素材与实例" \ "Ph5" 文件夹中的 "07.cdr" 文件，如图 5-92 左图所示。将其中的图形和文字分别复制到新文档中，将图形放置在图 5-92 右图所示位置，制作出穿插在竹林中的树枝效果。至此，本例就制作完成了，按【Ctrl+S】组合键保存文档即可。

图 5-92 为竹林添加树枝和文字

本章小结

本章主要介绍了轮廓线的编辑方法，使用实色、渐变色、图案和纹理填充图形的方法以及 "网状填充" 工具、"智能填充" 工具、"滴管" 工具和 "颜料桶" 工具的使用方法。本章所学知识都是很常用的操作，读者应多做练习，做到熟练掌握。

思考与练习

一、填空题

1. 图形轮廓只能填充_____，而图形对象内部可填充_____、_____、_____、_____等。

2. 要使用"默认 CMYK 调色板"为图形设置轮廓色，可以_____；要使用"默认 CMYK 调色板"为图形设置填充色，可以_____。

3. 如果希望按颜色值为图像设置填充色，可以选择填充工具组中的_____选项。

4. 使用_____工具可以轻松制作出复杂多变的网格填充效果，使用_____工具可以从对象上获取所需的颜色等属性。

二、问答题

1. 使用"交互式填充"工具为图形填充内容时，其填充类型有哪些？如何进行设置？

2. 为对象填充图样或纹理后，如何利用"交互式填充"工具调整其效果？

3. 如何利用"网状填充"工具创建与编辑网格渐变？

4. 使用"滴管"工具吸取样本时，有哪两种样本方式？其意义是什么？

三、操作题

参照本章所学知识，制作图 5-93 所示风景画。

图 5-93 风景画

提示：

步骤 1▶ 用"钢笔"工具绘制出山脉、地平线及小路的形状，然后用"交互式填充"工具填充渐变色（具体色值用户可以参考本书配套素材所给的源文件）。

步骤 2▶ 利用"网状填充"工具填充天空，利用"艺术笔对象喷涂工具"绘制小草。

第6章 对象编辑与辅助工具的使用

【本章导读】

在使用 CorelDRAW 绘图时，选取对象、变换对象、复制对象是再常用不过的操作了。在前几章的学习中，我们也曾多次接触到，本章就来详细介绍。

【本章内容提要】

☞ 快速变换对象
☞ 复制、再制、多重复制与删除对象
☞ 撤销、重做、还原与重复操作
☞ 使用辅助工具

6.1　快速变换对象

本节将学习用"挑选"工具、"变换"工具和"变换"泊坞窗进行移动、旋转、缩放、镜像和倾斜对象等"变换"操作。

实训 1　设计促销海报——使用"挑选"工具与属性栏

【实训目的】

● 熟练掌握利用"挑选"工具变换对象的方法。
● 掌握利用属性栏精确变换对象的方法。

【操作步骤】

步骤 1▶ 打开本书配套素材"素材与实例" \ "Ph6" 文件夹中的"01.cdr"文件，如

图 6-1 所示。下面我们利用"挑选"工具 ，变换画面中的对象。

步骤 2▶　用"挑选"工具 选取画面外的文本对象，将光标移至对象的中心位置，当光标呈 ✛ 形状时单击并拖动对象至适当位置，释放鼠标后即可移动对象，如图 6-2 所示。

图 6-1　打开素材文件　　　　　　　　　　图 6-2　移动文本对象

在移动对象时，如果按住【Ctrl】键，则对象只能沿水平或垂直方向进行移动。

步骤 3▶　单击并拖动所选对象周围任意一个手柄，即可缩放对象。其中，拖动四个角上的手柄，可以成比例改变对象大小，如图 6-3 所示；拖动上、下手柄，只可在垂直方向改变对象高度；拖动左、右手柄，只可在水平方向改变对象的宽度。

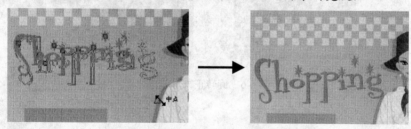

图 6-3　缩放文本对象

步骤 4▶　将文本对象原位置复制一份，按下【Ctrl】键，然后利用"挑选"工具 将对象上或下任一控制点并向相反方向拖动，则释放鼠标后将垂直镜像对象，如图 6-4 所示。同理，按下【Ctrl】键，单击左、右任一控制点并向相反方向拖动，可水平镜像对象。

图 6-4　垂直镜像对象

步骤 5▶ 使用"挑选"工具 ▣ 选中第一个橙色正方形，然后原位置复制一份，取消其填充颜色，并设置轮廓线宽度为 0.5mm、颜色为白色，得到一个正方形线框，如图 6-5 所示。

图 6-5 复制正方形并重新设置填充属性

步骤 6▶ 使用"挑选"工具 ▣ 双击正方形线框对象，或在对象被选取的情况下再单击一下，即可进入对象的旋转模式，如图 6-6 左图所示。将光标移至四个角的任意一个角旋转手柄上，待光标变为 ↻ 形状时，单击并沿圆周方向拖动，即可将对象绕着旋转中心 ⊙ 进行旋转，如图 6-6 右图所示。利用相同的方法，把下方的橙色正方形进行适当的旋转。

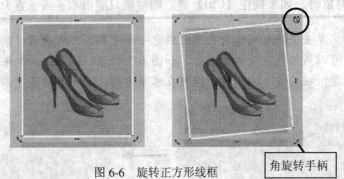

角旋转手柄

图 6-6 旋转正方形线框

小技巧

通常情况下，旋转中心处于对象的中心点，通过改变旋转中心的位置，可使对象以新的旋转中心为轴进行旋转，从而得到不同的旋转效果，如图 6-7 所示。

图 6-7 调整旋转中心后旋转对象

步骤 7▶ 将光标移至对象上、下、左、右任意一个边倾斜手柄上，待光标变为⇌或
↕形状时单击并沿水平或垂直方向拖动，即可水平倾斜或垂直倾斜对象，如图 6-8 所示。

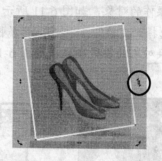

图 6-8 水平和垂直倾斜对象

步骤 8▶ 参照与步骤 5~7 相同的操作方法，制作白色正方形线框，并将正方形与
线框进行旋转与倾斜操作，得到如图 6-9 所示效果。

步骤 9▶ 除了使用"挑选"工具变换对象外，还可以利用其属性栏来精确变换。选
中对象后，利用属性栏可以对对象的移动、比例、镜像、旋转及大小等进行精确设定，按
【Enter】键后即可按指定数值变换对象，如图 6-10 所示。

图 6-9 变换其他图形

对象位置　对象大小　缩放因素　旋转角度

水平和垂
直镜像

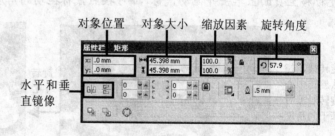

图 6-10 使用属性栏变换对象

实训 2　绘制雪人图——使用"变换"工具与"变换"泊坞窗

使用"变换"工具🔄可以很方便地对对象进行旋转、镜像、缩放和倾斜等各种变换操
作。使用"变换"泊坞窗也可以对各种变换操作进行精确设定。

【实训目的】

● 掌握利用"变换"工具🔄变换对象的方法。
● 掌握利用"变换"泊坞窗变换对象的方法。

【操作步骤】

步骤 1▶ 打开素材文件（"Ph6" 文件夹中的 "02.cdr" 文件），利用 "挑选" 工具 选中要进行变换操作的对象，如图 6-11 所示的雪人。

步骤 2▶ 选择 "变换" 工具，其属性栏中将显示用于变换选定对象的 4 种变换工具，以及所要变换对象的各种参数，如图 6-12 所示。

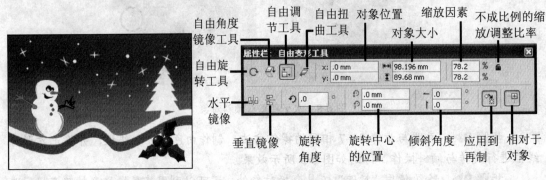

图 6-11 选择对象   图 6-12 "自由变换" 工具属性栏

步骤 3▶ 单击其属性栏中的 "自由旋转工具" 按钮，将光标移至页面某处单击并拖动鼠标（此时会出现选定对象的轮廓和一条延伸到绘图页面以外的蓝色旋转线），选定对象将以单击处为旋转中心，随着鼠标的移动而旋转，至适当位置后释放鼠标，即可将对象旋转到指定位置，如图 6-13 所示。

步骤 4▶ 选择 "编辑" > "撤销旋转" 菜单，或按【Ctrl+Z】组合键，将雪人恢复到旋转前状态。

步骤 5▶ 选择 "变换" 工具，单击属性栏中的 "自由角度镜像工具" 按钮，将光标移至页面上单击并拖动鼠标，即可按照鼠标拖动的角度镜像选定对象，如图 6-14 所示。

图 6-13 使用 "自由旋转工具" 旋转对象

拖动鼠标时按住【Ctrl】键，可以限制对象的旋转角度，默认限制角度值为 15°。

单击点

镜像线

图 6-14　使用"自由角度镜像工具"镜像对象

提 示

单击点的位置决定了对象与镜像线之间的距离。

步骤 6▶　选择"编辑">"撤销反射"菜单，或按【Ctrl+Z】组合键，将雪人恢复到镜像前状态。选择"变换"工具，单击属性栏中的"自由调节工具"按钮，然后在页面上单击确定缩放时保持固定不动的点，并拖动鼠标，即可缩放和旋转选定对象，如图 6-15 所示。

图 6-15　使用"自由调节工具"缩放和旋转对象

小技巧

如在拖动鼠标进行缩放时按住【Ctrl】键，可保持对象的纵横比。

步骤 7▶　选择"编辑">"撤销延展"菜单，或按【Ctrl+Z】组合键，将雪人恢复到自由调节前状态。选择"变换"工具，单击属性栏中的"自由扭曲工具"按钮，将光标移至页面上单击并拖动鼠标，可使所选对象以单击处为固定点进行倾斜，如图 6-16 所示。

步骤 8▶　选择"编辑">"撤销倾斜"菜单，或按【Ctrl+Z】组合键，将雪人恢复到倾斜前状态。依次单击属性栏中的"自由调节工具"按钮和"应用于再制"按钮，然后在页面上单击并拖动鼠标，可以在缩放和旋转雪人的同时复制该对象，并利用"挑选"

工具 🖙 移动副本雪人的位置，其效果如图 6-17 所示。

图 6-16 使用"自由扭曲工具"倾斜对象   图 6-17 在变换对象时复制对象

步骤9▶ 使用"挑选"工具 🖙 选中圣诞树，选择"排列">"变换"或"窗口">"泊坞窗">"变换"菜单中的相应菜单项，可以打开如图 6-18 所示"变换"泊坞窗。在"变换"泊坞窗中，单击最上方的一组按钮，可分别设置对象位置、旋转、缩放与镜像、大小、倾斜等参数。

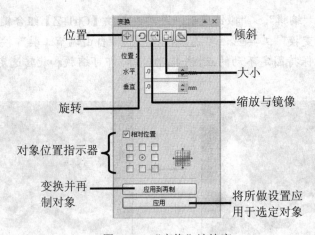

图 6-18 "变换"泊坞窗

步骤10▶ 在"变换"泊坞窗中单击"位置"按钮 ⊕，然后在"位置"区域中的"水平"和"垂直"编辑框中直接输入数值，单击"应用"按钮，即可精确移动对象，改变其位置，如图 6-19 中图所示。

步骤11▶ 撤销移动操作，然后单击"应用到再制"按钮，即可将所做设置应用到原对象的复制对象上，也就是改变复制对象的位置，如图 6-19 右图所示。

对象位置指示器中的各选框分别代表了所选对象的各手柄。不勾选"相对位置"复选框将以当前标尺的尺度标注对象所选手柄的位置；若勾选"相对位置"复选框则以所选对象本身为参考，用户可选择不同的手柄作为参考点来移动对象。

图 6-19　利用"变换"泊坞窗移动和移动复制对象

步骤 12▶　在"变换"泊坞窗中单击"旋转"按钮 🔄，然后在"旋转"区域中的"角度"编辑框中直接输入数值，单击"应用"按钮，即可精确旋转对象，如图 6-20 所示。

图 6-20　旋转对象

步骤 13▶　选中旋转后的圣诞树，然后单击"变换"泊坞窗中的"缩放与镜像"按钮 🔲，在对象位置指示器中指定一个点，设置水平和垂直缩放比例均为 80%，单击"水平镜像"按钮 🔳，再单击"应用到再制"按钮，可以将圣诞树缩小、水平镜像后再复制，并利用"挑选"工具 🔲 调整其位置，如图 6-21 中图所示。如果单击"垂直镜像"按钮，可以垂直镜像对象，如图 6-21 右图所示。

　　在"变换"泊坞窗中的"缩放与镜像"区域中，如果勾选"不按比例"复选框，可以不等比例地缩放图形对象。

图 6-21　缩放与镜像对象

步骤 14▶ 用"挑选"工具选中右下角的圣诞花，然后单击"变换"泊坞窗上方的"大小"按钮，在显示的面板中取消"不按比例"复选框的勾选，分别在"水平"和"垂直"编辑框中输数值，单击两次"应用到再制"按钮缩小并复制对象，并按照如图 6-22 右图所示效果放置。

图 6-22　缩小并复制对象

步骤 15▶ 选中复制的圣诞花，单击"变换"泊坞窗上方的"倾斜"按钮，显示"倾斜"参数面板，然后分别在"水平"和"垂直"编辑框中输入倾斜角度，单击"应用"按钮，即可倾斜对象，如图 6-23 所示。

知识库

对象执行变换操作后，通过选择"排列"＞"清除变换"菜单，可以清除对选定对象进行的变换，包括使用鼠标、"变换"泊坞窗和属性栏等进行的变换，从而使对象恢复到变换之前的状态。但要注意，该命令不能撤销对象位置的变换操作。

图 6-23　倾斜对象

6.2　复制、再制、多重复制与删除对象

利用"编辑"菜单下的"复制"与"粘贴"命令，可以在 CorelDRAW 的同一页面或不同页面间复制对象，还可以将 CorelDRAW 中的对象复制、粘贴到其他软件中使用。

使用"再制"功能产生的再制对象，距原对象的初始位置有一个事先指定的水平和垂直偏移，即让再制的对象按照指定的位置和方向来排列。

利用"步长与重复"泊坞窗可以在复制对象的同时，调整复制对象的水平与垂直偏移距离以及复制数量。

实训 1　绘制花形边框

【实训目的】

● 掌握复制与再制对象的方法。

● 掌握多重复制与删除对象的方法。

【操作步骤】

步骤 1▶　打开本书配套素材"素材与实例"\ "Ph6"文件夹中的"03.cdr"文件，然后利用"挑选"工具 选中图 6-24 左图所示的图形。

步骤 2▶　按【Ctrl+C】组合键，或选择"编辑">"复制"菜单，或单击"标准"工具栏中的"复制"按钮 ，拷贝所选对象。

步骤 3▶　按【Ctrl+V】组合键，或选择"编辑">"粘贴"菜单，或单击"标准"工具栏中的"粘贴"按钮 ，即可将上步复制的对象粘贴到当前页面中。此时复制的对象将重叠在原对象的正上方，使用"挑选"工具 将粘贴的对象移开即可，如图 6-24 右图所示。

知识库

> 使用"编辑"菜单中的"剪切"和"粘贴"命令可以移动对象,"剪切"命令对应的快捷键为【Ctrl+X】。
>
> 选择"挑选"工具 后,利用鼠标右键移动对象,释放鼠标时,在弹出的快捷菜单中选择相应的选项,即可快速移动或复制对象。

图 6-24　复制、粘贴并移动对象

步骤 4▶ 单击属性栏中的"水平镜像"按钮 ,将复制的对象水平镜像,并参照图 6-25 左图所示效果放置,然后选中所有图形,按【Ctrl+G】组合键群组对象,再将群组对象移至页面的左上角位置,如图 6-25 右图所示。

图 6-25　水平镜像并移动对象

步骤 5▶ 取消选中群组对象,然后在属性栏的"再制距离"编辑框 中设置再制对象的位置: X 为 60, Y 为 0, 如图 6-26 左图所示。

步骤 6▶ 选中群组对象,连续选择"编辑">"再制"菜单或按【Ctrl+D】组合键,直到再制对象排满一整行,如图 6-26 右图所示。

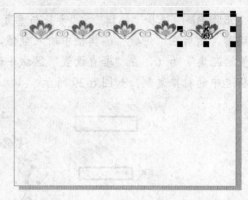

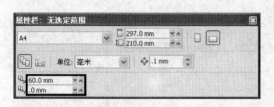

图 6-26　再制并移动对象

步骤 7▶　取消选择对象，在属性栏中重新设置再制距离为：X 为 0，Y 为 - 195，然后选中所有群组对象并按【Ctrl+D】组合键，将群组对象复制到页面的下方，并按属性栏中的"垂直镜像"按钮，得到如图 6-27 右图所示效果。

图 6-27　垂直再制对象

步骤 8▶　利用"挑选"工具选中页面左上角的群组对象，依次按【Ctrl+C】、【Ctrl+V】组合键，原位置复制对象，然后在属性栏中设置旋转角度为 90°，再将该对象移至图 6-28 所示位置。

图 6-28　复制对象并旋转

步骤 9▶ 选择"编辑">"步长与重复"菜单，打开图 6-29 左图所示"步长与重复"泊坞窗，然后在"份数"编辑框中输入数值，设置要复制的份数，在"水平设置"区域中设置"距离"为 0，在"垂直设置"区域中设置"距离"为－60，单击"应用"按钮，即可将选中的对象复制，如图 6-29 所示。

图 6-29 在垂直方向多重复制对象

步骤 10▶ 选中页面左侧的三个群组对象，然后在"步长与重复"泊坞窗中设置"份数"为 1，在"水平设置"区域中设置"距离"为 285，在"垂直设置"区域中设置"距离"为 0，单击"应用"按钮，即可将选中的对象水平复制，并单击属性栏中的"水平镜像"按钮，将复制的对象水平镜像，如图 6-30 右图所示。这样，就制作出一个漂亮的边框。

图 6-30 复制并水平镜像对象

知识库

如果要删除页面中不再需要的对象，只需用"挑选"工具选中该对象，选择"编辑">"删除"菜单或按【Delete】键，按【Ctrl+X】组合键、选择"编辑">"剪切"菜单或单击"标准"工具栏中的"剪切"按钮均可删除选定的对象。

6.3　撤销、重做、还原与重复操作

通常情况下，要绘制一幅精美的作品，需要经过反复的调整与修改。因此，CorelDRAW 为用户提供了一组撤销、重做、恢复与重复命令。

利用"撤销"命令可以逐步撤销上一步操作；利用"重做"命令，则可重新执行前面已撤销的操作，使被操作对象回到撤销前的状态；利用"还原"命令可以取消存储文件后执行的全部操作；利用"重复"命令可以重复执行上一步操作，也可以将操作重复应用于其他对象。

实训 1　绘制圣诞节礼品盒

【实训目的】
● 掌握撤销、重做、还原与重复操作的方法。

【操作步骤】

步骤 1▶　打开本书配套素材"素材与实例"\"Ph6"文件夹中的"04.cdr"文件，不进行任何操作，然后选择"编辑"菜单，该菜单中的前三条命令均为不可用状态，如图 6-31 中图所示。

步骤 2▶　利用"挑选"工具 选中页面下方的一颗星星，并对其进行填充操作（用户选择自己喜欢的颜色即可）。此时，"编辑"菜单中的第一条命令被替换为"撤销填充"（即撤销+操作名称），如图 6-31 右图所示。

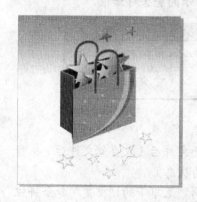

编辑(E)	视图(V)	版面(L)	排列(A)		编辑(E)	视图(V)	版面(L)	排列(A)
↶ 撤消(U)		Ctrl+Z		↶ 撤消填充(U)		Ctrl+Z	
↷ 重做(E)		Ctrl+Shift+Z		↷ 重做(E)		Ctrl+Shift+Z	
↷ 重复(R)		Ctrl+R		↷ 重复填充(R)		Ctrl+R	

图 6-31　未执行任何操作时和执行填充操作后的"编辑"菜单

步骤 3▶　若对填充的效果不满意可单击"撤销填充"命令，或按【Ctrl+Z】组合键，或单击标准工具栏中的"撤销"按钮 撤销填充操作。

步骤 4▶　为其他白色的星星填充颜色，并为其添加阴影与立体效果，如果在进行了多步操作后对效果不满意可多次选择"撤销"命令来连续撤销前面的多步操作。

步骤 5▶　此外，通过单击"撤销"按钮 旁的下拉三角按钮 ，从弹出的下拉列表中进行选择，可一次撤销多步操作，如图 6-32 所示。

·提示·

> 某些操作是不能用"撤销"命令撤销的，如视图缩放（放大、缩小）、文件操作（打开、保存、导出）及选择操作等。

步骤 6▶ 要恢复执行已撤销的填充操作，则选择"编辑" > "重做填充"菜单（如图6-33 所示）或单击"标准"工具栏中的"重做"按钮 。值得注意的是，该命令只有在执行过"撤销"命令后才起作用。

图 6-32 撤销操作列表

图 6-33 撤销操作后的"编辑"菜单

步骤 7▶ 要取消打开文件后的所有操作（或存储文件后执行的全部操作），可以选择"文件" > "还原"菜单，这时屏幕上会出现一个图6-34 所示的警告对话框。

图 6-34 警告对话框

步骤 8▶ 单击"确定"按钮，CorelDRAW 将撤销打开文件后（或存储文件后）执行的全部操作，即把文件恢复到初始状态（或最后一次存储的状态）。

步骤 9▶ 在执行了"撤销"与"重做"命令后，"编辑"菜单下的"重复"命令将被激活，选择该命令可以重复执行上一步操作。如果选择了页面中的其他对象，选择"重复"命令，也可以将操作重复应用于其他对象（必须是已经存在的对象）。

6.4 使用辅助工具

　　为了便于精确绘制图形，CorelDRAW 提供了标尺、网格和辅助线等辅助工具，利用这些辅助工具可以帮助用户确定绘图中对象的大小和位置。

实训 1　设计明信片——使用标尺与辅助线

【实训目的】

● 　掌握显示与隐藏标尺的方法，以及更改标尺原点的方法。

● 　掌握创建、删除、移动与锁定辅助线的方法。

【操作步骤】

步骤 1▶ 　打开本书配套素材"素材与实例"\ "Ph6"文件夹中的"05.cdr"图形文件，然后在属性栏中将页面大小更改为 183×102mm。

步骤 2▶ 　默认状态下，标尺显示在工作区域的左侧和上部，如图 6-35 左图所示。通过选择"视图">"标尺"菜单，可以在绘图窗口中显示或隐藏标尺，如图 6-35 右图所示。

图 6-35　显示与隐藏标尺的页面效果

步骤 3▶ 　将鼠标的光标移至标尺左上角的 🖾 图标上，按住左键并拖动鼠标，此时会出现十字虚线的标尺定位线，在需要的位置释放鼠标后，该处即成为新的标尺坐标原点，如图 6-36 所示。如要还原到默认的标尺原点，双击 🖾 图标即可。

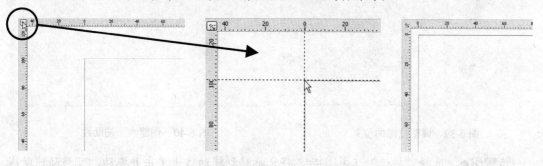

图 6-36　更改标尺坐标原点

步骤 4▶ 　按住【Shift】键，将光标移至标尺上单击并拖动鼠标，可移动标尺至新位置（如拖动标尺左上角的 🖾 图标，可同时移动两个标尺），如图 6-37 所示。如要将标尺还原到原始位置，只需按下【Shift】键，并使用鼠标双击任一标尺即可。

步骤 5▶ 　双击绘图窗口中的任意一个标尺，打开图 6-38 所示"选项"对话框，在其中可以设置标尺的微调数值、单位，改变原点位置等属性。

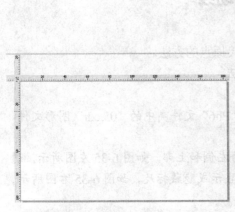

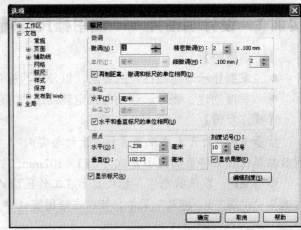

图 6-37 移动标尺的位置　　　　　　　　图 6-38 "选项"对话框

步骤 6▶ 利用"挑选"工具 将页面区域以外的位图移至页面内，如图 6-39 所示。

步骤 7▶ 将光标移至水平（或垂直）标尺上，单击并拖动鼠标到绘图窗口中的合适位置，然后释放鼠标左键，即可创建出一条水平（或垂直）辅助线，如图 6-40 所示。

用户在创建辅助线时，必须先在页面中显示标尺。

图 6-39 调整位图的位置　　　　　　　　图 6-40 创建水平辅助线

步骤 8▶ 选择"挑选"工具 后，将光标移到辅助线上单击并拖动，可移动辅助线的位置。单击选中辅助线后（辅助线呈红色时为选中状态），在属性栏中的"对象位置"Y编辑框中输入数值（如，-5mm），按【Enter】键可精确定位辅助线位置，如图 6-41 左图所示。选中辅助线后，按【Delete】键可删除该辅助线。

步骤 9▶ 利用相同的操作方法，再创建一条水平辅助线，并利用属性栏精确定位辅助线的位置，如图 6-41 右图所示。

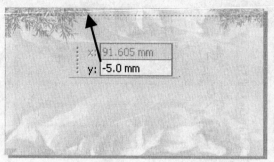

图 6-41 调整辅助线位置与创建水平辅助线

当辅助线被选中并变成红色后，再次单击该辅助线，可进入其旋转模式，此时辅助线两端出现弯曲的双向箭头（旋转手柄）。将光标移至一端的旋转手柄上，待光标变为 ↻ 形状时单击并沿顺时针或逆时针拖动，即可旋转辅助线，如图 6-42 所示。

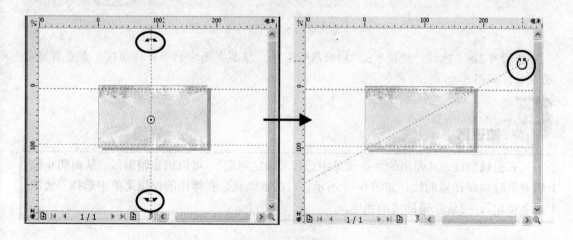

图 6-42 旋转辅助线

步骤 10▶ 分别在水平标尺 15mm 和 168mm 处各放置一条垂直辅助线，如图 6-43 所示。

步骤 11▶ 切换到页面 2，然后将其中的对象全部复制粘贴到页面 1 中，并放置在 4 条辅助线规划的范围内，如图 6-44 所示效果。

步骤 12▶ 按照如图 6-45 左图所示再创建一条水平辅助线和两条垂直辅助线，然后利用"挑选"工具 分别调整页面中的部分对象，使它们与辅助线对齐，其效果如图 6-45 右图所示。

图 6-43　创建垂直辅助线　　　　　　　　　图 6-44　放置对象

图 6-45　创建辅助线并调整对象的位置

步骤 13▶　选择"视图">"辅助线"菜单，隐藏页面中的所有辅助线，查看当前画面效果，如图 6-46 所示。

知识库

　　右击辅助线，从弹出的快捷菜单中选择"锁定对象"，可以锁定辅助线，从而防止编辑对象时误操作辅助线，如图 6-47 所示。右击辅助线，在弹出的快捷菜单中选择"解除对象锁定"，可解除辅助线的锁定。

图 6-46　隐藏辅助线　　　　　　　　　图 6-47　右击辅助线显示的快捷菜单

步骤 14▶　选择"视图">"设置">"辅助线设置"菜单，将打开图 6-48 所示"选项"对话框，在此可以设置辅助线的显示、对齐功能及颜色属性。

步骤 15▶ 　分别单击"选项"对话框左侧列表区中的"水平"、"垂直"、"导线"和"预置"选项，将打开各自对应的设置界面进行相应的设定。例如，选择"垂直"选项，页面中的垂直辅助线将被选中，且其坐标值出现在如图 6-49 所示的对话框中。在此可以改变垂直辅助线的坐标值，并通过单击对应的按钮来添加、移动和删除选中的辅助线。

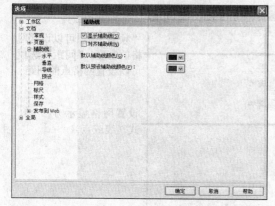

图 6-48　设置"辅助线"属性

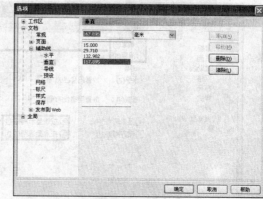

图 6-49　查看垂直辅助线信息

实训 2　设计标志——使用网格与对齐命令

网格是由一连串的水平和垂直点所组成，经常被用来协助绘制和排列对象。在系统默认状态下，网格是不可见的。

【实训目的】
- 了解网格的使用方法。
- 了解使对象对齐网格、辅助线和其他对象的方法。

【操作步骤】

步骤 1▶ 　打开本书配套素材"素材与实例"\"Ph6"文件夹中的"06.cdr"文件，如图 6-50 所示。下面，我们要利用这些素材对象制作标志。

步骤 2▶ 　选择"视图" > "网格"菜单，可以在绘图页面中显示网格，如图 6-51 所示。要隐藏网格，可以再次选择"视图" > "网格"菜单。

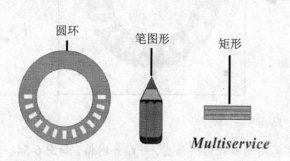

图 6-50　打开素材文件

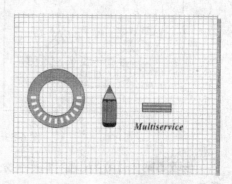

图 6-51　显示网格

步骤 3▶ 选择"视图" > "设置" > "网格和标尺设置"菜单，打开"选项"对话框，单击"间距"单选钮，然后分别在"水平：放置网格线的间隔"和"垂直：放置网格线的间隔"编辑框中输入 10，其他属性保持默认，如图 6-52 所示。单击"确定"按钮，关闭"选项"对话框。

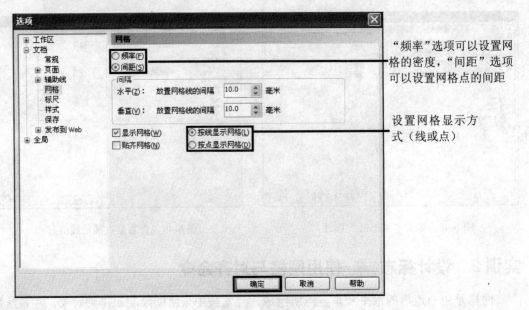

图 6-52　设置网格属性

步骤 4▶ 将视图显示放大至 200%显示，然后选择"视图" > "贴齐网格"菜单，再利用"挑选"工具调整圆环对象的位置，在移动的过程中，圆环对象会自动对齐网格，如图 6-53 右图所示。

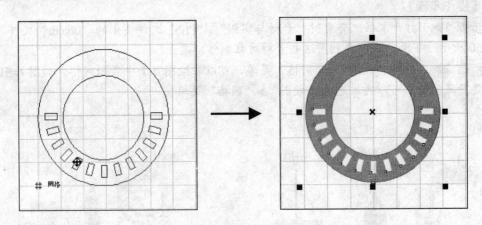

图 6-53　使用"贴齐网格"命令

步骤 5▶ 利用"挑选"工具分别调整笔图形和矩形的位置，并贴齐网格，如图 6-54 所示。

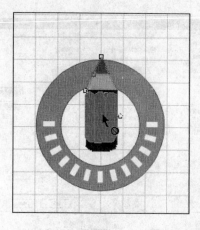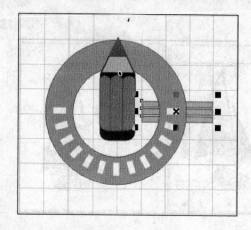

图 6-54　调整笔图形和矩形的位置

步骤 6▶　复制矩形，并水平移至圆环左侧，然后选择"排列" > "顺序" > "到页面后面"菜单，此时画面效果如图 6-55 右图所示。

步骤 7▶　利用"挑选"工具选中文字并放置于圆环的下方，根据圆环的宽度调整文字的宽度，根据文字所在网格的高度调整其高度，如图 6-56 所示。最后，选择"视图" > "网格"菜单，隐藏网格查看标志效果。

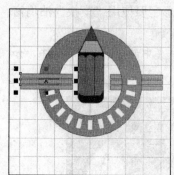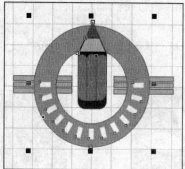

图 6-55　调整对象的排列顺序　　　　　　　图 6-56　调整文字的宽度和高度

步骤 8▶　如果页面中创建了辅助线，通过选择"视图" > "对齐辅助线"菜单，则在绘制和移动图形对象时，图形对象自动对齐到辅助线，如图 6-57 左图所示。

步骤 9▶　选择"视图" > "对齐对象"菜单，则在绘图页面中移动图形对象时，如果遇到其他图形对象就会自动对齐图形对象，如图 6-57 右图所示。

知识库

对齐对象时可以捕捉对象的节点、交点、中点、边缘等。选择"视图" > "设置" > "贴齐对象设置"菜单，打开"选项"对话框，可以查看对象捕捉模式，如图 6-58 所示

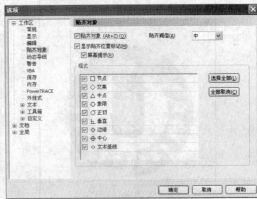

图 6-57　对齐辅助线和对象　　　　　　　　　图 6-58　设置贴齐对象属性

综合实训——绘制花卉装饰图案

　　在很多作品中，我们都需要绘制一些花卉装饰图案。下面就来看看如何利用 CorelDRAW 制作图 6-59 所示装饰图案。

　　绘制该图形时，首先绘制一组辅助线以辅助定位，组合图形主要使用"变换"泊坞窗来完成。

　　步骤 1▶　打开本书配套素材"素材与实例" \ "Ph6"文件夹中的"07.cdr"文件，如图 6-60 所示。

图 6-59　装饰图案　　　　　　　　　　　图 6-60　打开素材文件

　　步骤 2▶　将页面中的图形对象移至页面外，然后在水平标尺上单击并向下拖拽，在 100mm 处创建一条水平辅助线，在垂直标尺上单击并向右拖拽，在 100mm 处创建一条垂直辅助线，如图 6-61 左图所示。

　　步骤 3▶　再拖拽出两条水平辅助线，分别单击选取它们，并分别在属性栏中的"旋转"编辑框中输入"45"和"–45"，按【Enter】键，得到两条对角辅助线，并放置于如图 6-61 右图所示位置。

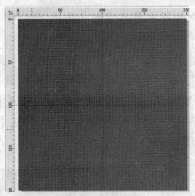

图 6-61　创建辅助线

步骤 4▶　利用"挑选"工具  选中如图 6-62 左图所示图形，然后将该图形的上边对齐辅助线的交点，如图 6-62 右图所示；然后选中图 6-62 右图所示图形，并使该图形的右侧与垂直辅助线对齐。

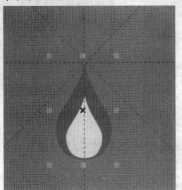
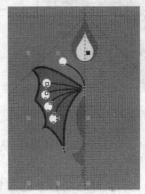

图 6-62　使对象对齐辅助线

步骤 5▶　选择"排列" > "变换" > "比例"菜单，打开"变换"泊坞窗，然后单击选中对象位置指示器右侧中间点为镜像点，并单击"水平镜像"按钮，再单击"应用到再制"按钮，水平镜像并复制对象，得到如图 6-63 右图所示效果。

步骤 6▶　利用"椭圆形"工具 在图 6-64 所示位置绘制 4 个椭圆，椭圆的填充颜色为白色，无轮廓线。

图 6-63　水平镜像并复制对象　　　　　　　图 6-64　绘制椭圆

163

步骤 7▶ 利用"挑选"工具 ![] 选中页面中的所有图形对象，选择"排列" > "群组"菜单，或按【Ctrl+G】组合键，将选中的对象群组为一体。

步骤 8▶ 利用"挑选"工具 ![] 选中群组后的对象，并再次单击该对象，使其处于旋转模式状态，然后将旋转中心点移至辅助线的交叉点，如图 6-65 所示。

步骤 9▶ 单击"变换"泊坞窗中的"旋转"按钮 ![]，然后在"旋转"区域中设置"角度"为 -90°，其他属性保持默认，连续单击 3 次"应用到再制"按钮，将选中的群组对象进行旋转并复制，此时画面效果如图 6-66 右图所示。

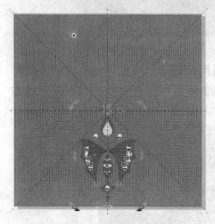

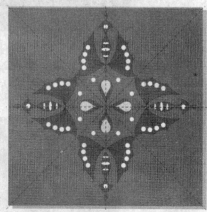

图 6-65　设置旋转中心点位置　　　　图 6-66　利用"变换"泊坞窗旋转并复制对象

步骤 10▶ 利用"挑选"工具 ![] 将页面区域外的图形对象进行旋转，并放置在图 6-67 左图所示位置。

步骤 11▶ 将旋转后的对象进行复制，然后进行相应的旋转操作，使其与前者形成对称效果，如图 6-67 右图所示。

图 6-67　旋转对象并复制

步骤 12▶ 选中如图 6-67 右图中的两个叶状图形，然后选择"排列" > "群组"菜单，或按【Ctrl+G】组合键，将两者群组为一体。再次单击使其处于旋转模式，并设置旋转中心点与辅助线的交叉点重合，如图 6-68 左图所示。

步骤 13▶ 在"变换"泊坞窗中单击"旋转"按钮 ⟳，设置"角度"为 90°，其他选项保持默认，然后连续单击 3 次"应用到再制"按钮，将图形旋转复制，效果如图 6-68 右图所示。

图 6-68 设置旋转中心点位置并旋转、复制对象

步骤 14▶ 选择"视图">"辅助线"菜单，将辅助线隐藏，查看整体效果，如图 6-69 所示。至此，本例就制作完成了，最后按【Ctrl+S】组合键保存文档即可。

图 6-69 隐藏辅助线

本章小结

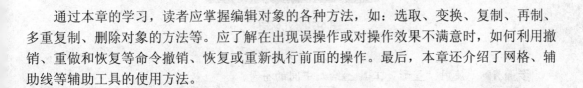

通过本章的学习，读者应掌握编辑对象的各种方法，如：选取、变换、复制、再制、多重复制、删除对象的方法等。应了解在出现误操作或对操作效果不满意时，如何利用撤销、重做和恢复等命令撤销、恢复或重新执行前面的操作。最后，本章还介绍了网格、辅助线等辅助工具的使用方法。

思考与练习

一、填空题

1. 选择"挑选"工具，_____ 图形对象，或在对象被选取的情况下_____ 对象，可进入对象的旋转模式。

2. 使用"变换"工具可以对对象执行_____操作。

3. 使用"变换"工具，如果希望在变换对象时复制对象，可以按下属性栏中的_____按钮。

4. 要撤销前面执行的一项操作，可以单击标准工具栏中的_____按钮。

5. 在对某个对象执行了某项操作后，如果希望对其他对象也执行这项操作，可以_____。

6. 如果希望撤销自上次存储文件以来的全部操作，可以_____。

二、问答题

1. 要使用"挑选"工具旋转或倾斜对象，如何操作？

2. 如何应用"再制"命令和"多重复制"泊坞窗复制对象？

3. 使用"变换"泊坞窗可以对选定对象执行哪些操作？

4. 如果希望一次撤销前面执行的多步操作，如何操作？

5. 如何更改标尺坐标原点位置？又如何恢复原始位置？

三、操作题

参照本章内容，绘制图 6-70 所示的几何图案。

图 6-70　几何图案

提示：

步骤 1▶ 使用"星形"工具绘制中间的符号。

步骤 2▶ 使用"3 点曲线"工具和"椭圆形"工具绘制其他符号。

步骤 3▶ 使用"变换"泊坞窗旋转复制对象。

第7章 组织与安排对象

【本章导读】

在 CorelDRAW 中，合理地组织与安排对象能够有效地提高工作效率与绘图质量。例如，群组对象以便统一操作；对齐与分布对象使之整齐划一等。

【本章内容提要】

- ☞ 群组、取消群组、结合与打散对象
- ☞ 调整对象顺序
- ☞ 对齐与分布对象
- ☞ 锁定与解锁对象、使用图层管理对象

7.1 群组、取消群组、结合与打散对象

使用"群组"命令可以将多个对象组合在一起，作为一个有机整体来统一应用某些编辑命令或特殊效果，从而更方便地控制多个对象。此外，用户还可以对群组中的某个对象单独操作，或取消群组。

使用"结合"命令可以将选定的对象合并在一起，成为一个新对象。对于已结合的多个对象，还可以使用"打散曲线"命令，来取消对象的合并状态。

实训 1 绘制风景插画

【实训目的】

- ● 掌握群组与取消群组对象的方法。
- ● 掌握结合与打散对象的方法。

【操作步骤】

步骤 1▶ 打开本书配套素材"素材与实例"\"Ph7"\"01.cdr"文件，利用"挑选"工具 选中页面 1 中的 4 朵白云，然后选择"排列">"群组"菜单，或按【Ctrl+G】组合键，或单击属性栏中的"群组"按钮，将选定的白云对象群组为一个整体，如图 7-1 所示。将群组后的白云对象复制到页面 2，如图 7-2 所示。

图 7-1　群组对象

图 7-2　复制对象

步骤 2▶ 如要对群组中的个别对象（子对象）进行单独编辑，可按住【Ctrl】键，然后使用"挑选"工具 单击要选取的子对象。释放【Ctrl】键后，该子对象即被选中，其周围的手柄将显示为圆形，如图 7-3 所示。

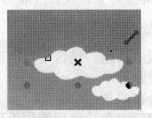

图 7-3　单独选取群组对象中的单个对象

知识库

在群组中，子对象可以是单个的对象，也可以是由多个对象组成的群组，我们称之为嵌套群组。

使用群组命令，也可以群组不同图层上的对象，可是一旦群组，则所有对象都将位于同一图层上。

步骤 3▶ 群组对象后，选择"排列">"取消群组"菜单或按【Ctrl+U】组合键，或单击属性栏中的"取消群组"按钮，即可取消对象的群组状态。如果群组中还有嵌套群组，则选择"排列">"取消全部群组"菜单或单击属性栏中的"取消全部群组"按钮，即可一次性取消所有群组。

步骤 4▶ 按住【Shift】键并按照图 7-4 左图所示的顺序逐个选取页面 1 中大树对象

的各个部分，然后选择"排列" > "结合"菜单，或按【Ctrl+L】组合键，或单击属性栏中的"结合"按钮，即可结合对象，此时各对象之间重叠的部分变成透明状态，并且结合后的对象将采用最后选取对象的填充和轮廓属性，如图 7-4 右图所示。

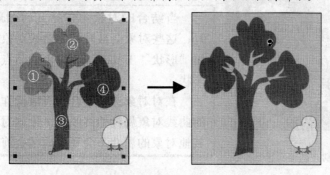

图 7-4 按次序选取对象并结合

在进行结合对象的操作时，根据选取对象方式的不同，对象结合后的效果也不同。如果使用鼠标框选方式选中多个对象，结合后生成的对象将采用所选对象中位于最下层对象的填充和轮廓属性，如图 7-5 所示。

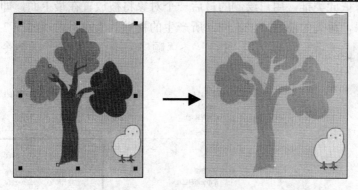

图 7-5 框选对象并结合

结合与群组粗看有些类似，但二者之间有根本的区别。群组对象时，对象的性质没有任何改变。而结合对象会创建带有共同填充和轮廓属性的单个对象。

步骤 5▶ 要打散对象，只需选中已结合的对象，然后按【Ctrl+K】组合键，或选择"排列" > "打散曲线"菜单，或单击属性栏中的"打散"按钮，即可将所选的结合对象打散为多个单独对象。

步骤 6▶ 将结合的大树图形复制到页面 2，然后将页面 1 中的其他对象群组并复制到页面 2，使其组合成一幅完美的风景插画，如图 7-6 所示。

 提示

当结合的对象中包括几何图形或文本对象时，这些对象会被转换为曲线对象。此时可以利用"形状"工具 编辑对象的节点，从而改变其形状。

在对对象进行结合与打散操作时，最后选取的曲线对象属性始终不变。除该对象外，打散后其他对象的属性不会还原成结合前的状态。

图 7-6 群组、复制并调整对象大小

7.2 调整对象顺序、对齐与分布对象

实训 1 绘制鹦鹉插画——调整对象顺序

在 CorelDRAW 中绘制的图形对象都存在着重叠的关系。通常情况下，图形排列顺序是由绘制的先后顺序决定的。当用户绘制第一个对象时，CorelDRAW 会自动将它放置在最下面，即最底层。依此类推，用户绘制的最后一个对象将被放置在最上面，即最顶层。同样的几个图形对象，排列的前后顺序不同，所产生的视觉效果也不同，如图 7-7 所示。

绘制好图形后，我们可以利用"排列">"顺序"子菜单中的相关命令来调整选定对象的排列顺序，如图 7-8 所示。

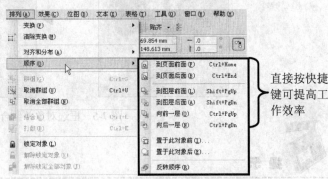

直接按快捷键可提高工作效率

图 7-7 同样图形的不同排列顺序   图 7-8 "排列">"顺序"子菜单中的排序命令

【实训目的】

● 熟练掌握调整对象排列顺序的方法。

【操作步骤】

步骤 1▶ 打开本书配套素材"素材与实例" \ "Ph6" 文件夹中的 "02.cdr" 文件，如图 7-9 所示。下面，我们利用"顺序"子菜单下的命令调整对象的排列顺序。

步骤2▶　利用"挑选"工具 选中鹦鹉的头部，然后选择"排列" > "顺序" > "到页面前面"菜单，可将鹦鹉的头部图形从当前位置移到所有对象的最前面，如图7-10所示。

图7-9　打开素材文件　　　　　　　图7-10　将鹦鹉头部图形移至所有对象的最前面

步骤3▶　利用"挑选"工具 选中鹦鹉的尾巴，选择"排列" > "顺序" > "到页面后面"菜单，可将尾巴图形从当前位置移到所有对象的最后面，如图7-11所示。

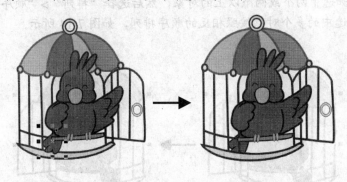

图7-11　将尾巴图形移至所有对象的最后面

步骤4▶　利用"挑选"工具 选中鹦鹉的肢体部分，然后选择"排列" > "顺序" > "置于此对象后"菜单，此时鼠标将变成黑色水平箭头，将箭头移至鸟笼对象上单击，即可将选定的对象放置到鸟笼的后面，如图7-12所示。此外，"置于此对象前"命令的使用方法与此相同，使用该命令可将所选对象放置到指定对象前面。

图7-12　将鹦鹉肢体移至鸟笼后

步骤 5▶ 选中鸟笼底边的黄边，然后选择"排列" > "顺序" > "向后一位"菜单，可将该对象从当前位置下移一层，如图 7-13 所示。如选择"向前一位"选项，可将选定的对象从当前位置上移一层。

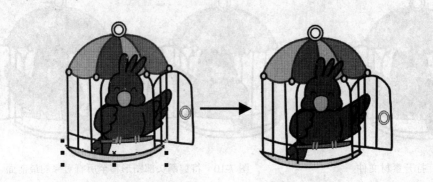

图 7-13　后移一位对象

步骤 6▶ 如选中两个或两个以上的对象，然后选择"排列" > "顺序" > "反转顺序"菜单，可将选中的多个对象按照相反的顺序排列，如图 7-14 所示。

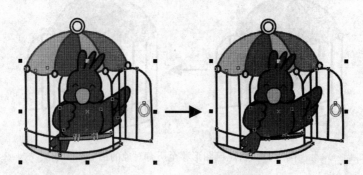

图 7-14　反转对象的排列顺序

知识库

　　此外，如果选择"到图层前面"或"到图层后面"选项，可以调整选中对象到其所在图层的最前面或最后面。

实训 2　绘制小熊装饰画——分布与对齐对象

　　CorelDRAW 提供了一系列对齐和分布命令，它们位于"排列" > "对齐与分布"子菜单中，如图 7-15 所示。使用这些命令可以控制对象的分布并按指定位置对齐。

　　利用"对齐"功能，可以设置按边界或中心点来水平或垂直对齐对象。利用"分布"功能，可以在水平或垂直方向上将多个对象（3 个以上对象）按边界或中心点等间距均匀分布。

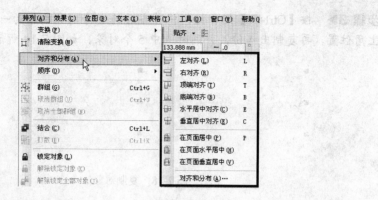

图 7-15 "对齐与分布"子菜单中的相关命令

【实训目的】

● 熟练掌握对齐与分布对象的方法。

【操作步骤】

步骤 1▶ 打开本书配套素材"素材与实例"\"Ph7"文件夹中的"03.cdr"文件,并切换到页面 1,然后利用"挑选"工具 选择页面中的三个对象(背景矩形除外),如图 7-16 所示。

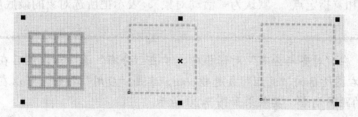

图 7-16 选中要对齐的对象

步骤 2▶ 选择"排列">"对齐和分布">"对齐和分布"菜单,或单击属性栏中的"对齐和分布"按钮 ,打开图 7-17 左图所示的"对齐与分布"对话框,然后在"对齐"选项卡中选中"垂直居中对齐"复选框 (在垂直方向上按最下层对象的中心对齐)和"水平居中对齐" 复选框(在水平方向上按最下层对象的中心对齐),然后单击"应用"按钮,结果如图 7-17 右图所示。

 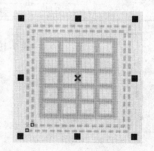

图 7-17 垂直和水平居中对齐对象

步骤 3▶ 按【Ctrl+G】组合键，将对齐后的 3 个对象群组为一体，然后放置在页面的左上角位置，再复制出 4 份，并同时选中 5 个对象，如图 7-18 所示。

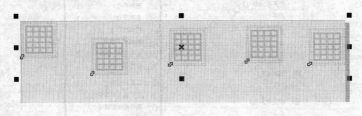

图 7-18　复制对象

步骤 4▶ 选择"排列">"对齐和分布">"对齐和分布"菜单，打开"对齐与分布"对话框，在"对齐"选项卡中选中"底端对齐"复选框下(B)（如图 7-19 左图所示），然后单击"应用"按钮，将选中的对象按最下层对象的底边对齐。

·知识库·

在"对齐对象到"下拉列表中还可以选择对象对齐的参照标准是"页边"、"页面中心"、"网格"和"指定点"。默认为"活动对象"，表示把所选对象的最底层对象作为对齐依据。

步骤 5▶ 在"对齐与分布"对话框中，单击"分布"选项卡，然后在该选项卡区域中勾选图 7-19 右图所示的"间距"复选框间距(P)，单击"应用"按钮，可以在水平方向上将选中对象之间的距离均分，其效果如图 7-20 所示。

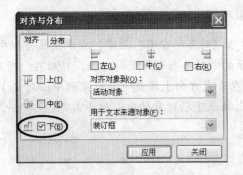

图 7-19　设置对齐与分布属性

图 7-20　均匀分布对象后效果

　　选中"对齐与分布"对话框中"分布"选项卡下的"选定的范围"单选钮，将以用户选定对象的范围为依据来实现各种分布；如选中"页面的范围"单选钮，将以当前绘图页面的各边为依据来实现各种分布。

步骤 6▶　选中图 7-20 所示的 5 个图形并复制一份，然后删除最右侧的一个图形，并参照图 7-21 所示效果放置。

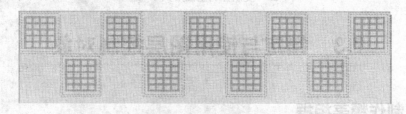

图 7-21　复制并删除对象

步骤 7▶　同时选中 9 个图形，打开"步长和重复"泊坞窗，在其中设置"份数"为 4，在"垂直设置"区域中设置偏移距离为 − 62.296mm，单击 4 次"应用"按钮，如图 7-22 左图所示，垂直复制对象效果如图 7-22 中图所示，然后删除最后一行的 4 个图形，如图 7-22 右图所示。选中所有图形，按【Ctrl+G】组合键，将它们群组为一体。

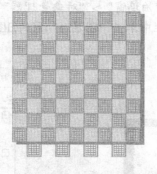
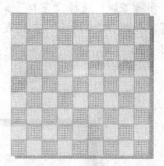

图 7-22　多重复制对象

步骤 8▶　切换到页面 2，选中除背景外的所有对象并复制到页面 1 中，将圆角矩形与步骤 8 群组的对象水平居中对齐；将小动物放置在圆角矩形的右下角；复制出一些向日葵，并分别调整它们的大小与位置，参照图 7-23 所示效果放置。

图 7-23　复制并调整图形大小与位置

7.3　锁定与使用图层控制对象

实训 1　制作精美相框

使用图层可以更好地管理复杂的绘图对象。"对象管理器"泊坞窗是进行图层管理的主要工具，使用它可以执行新建、锁定、隐藏图层等操作。此外，利用"锁定对象"命令可防止编辑好的对象被意外改动。该命令不仅可以锁定一个或多个对象，还可以锁定群组对象。

【实训目的】

● 掌握使用图层控制对象的方法。
● 掌握锁定与解锁对象的方法。

【操作步骤】

步骤 1▶ 打开本书配套素材"素材与实例"\"Ph7"文件夹中的"04.cdr"文件，如图 7-24 所示。

步骤 2▶ 选择"窗口">"泊坞窗">"对象管理器"菜单，打开"对象管理器"泊坞窗，如图 7-25 所示。在列表栏中单击"图层 1"前的⊞图标，展开"图层 1"的内容，如图 7-26 所示。

图 7-24　打开素材图片

图 7-25　打开"对象管理器"泊坞窗

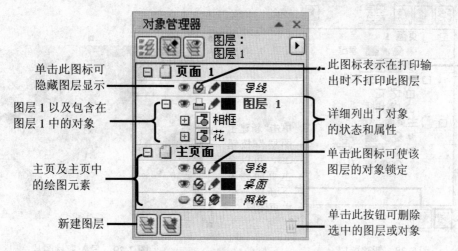

图 7-26 展开"图层 1"中的内容

步骤 3▶ 单击"图层 1"中的"花"对象将其选中,然后按住鼠标不放将其拖动到"相框"对象的上方,此时"相框"对象上会出现一条黑色线段,如图 7-27 左图所示。

步骤 4▶ 释放鼠标后即可将"花"对象移动到"相框"对象的上方,如图 7-27 中图所示,此时画面效果如图 7-27 右图所示。

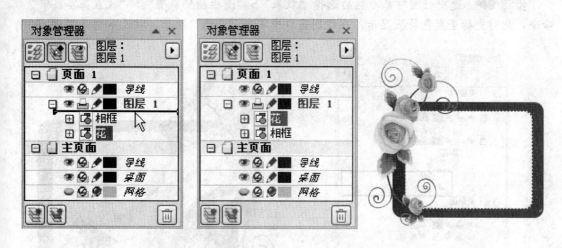

图 7-27 利用"对象管理器"泊坞窗调整对象的顺序

步骤 5▶ 单击泊坞窗左下角的"新建图层"按钮,即可新建一个图层,系统自动命名该图层为"图层 2",如图 7-28 所示。

步骤 6▶ 保持"图层 2"的选取状态(以红色字显示),导入本书配套素材"素材与实例"\"Ph7"文件夹中的"04.jpg"文件,如图 7-29 所示。此时在"对象管理器"中可以看到新导入的图层已被自动放置在"图层 2"(当前选定图层)中。

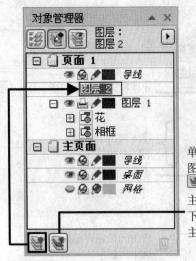

单击"新建主图层"按钮，可以在主页面列表下新建一个主页图层

图 7-28 新建图层　　　　　　　　　　　图 7-29 导入素材图片

步骤 7▶　在列表栏中单击"相框"对象前的⊞图标，展开其内容，可以看到其由"虚线"和"曲线"两个对象组成，如图 7-30 所示。

步骤 8▶　单击"相框"对象可把其中的内容全部选中，然后按【Ctrl+U】组合键取消其群组状态。

步骤 9▶　选中位图对象，然后选择"效果">"图框精确裁剪">"放置在容器中"命令，此时光标呈黑色箭头显示，在绘图窗口中单击"虚线"对象，效果如图 7-31 所示。

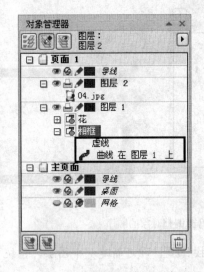

图 7-30 展开"相框"对象　　　　　　　　图 7-31 精确裁剪图像

步骤 10▶　要锁定一个对象，只需选取对象后，选择"排列">"锁定对象"菜单，此时对象四周的手柄将变为小锁状🔒，表示此对象已被锁定，无法接受任何编辑，如图 7-32 所示。

图 7-32　锁定单个对象

步骤 11▶　要锁定多个对象或群组对象，应首先用"挑选"工具 将要锁定的多个对象或群组对象全部选中，然后选择"排列" > "锁定对象"菜单即可，如图 7-33 所示。

图 7-33　锁定多个对象

步骤 12▶　要解除对象的锁定状态，只需在选取锁定的对象（单击其轮廓）后，选择"排列" > "解除对象锁定"菜单。若选择"排列" > "解除全部对象锁定"菜单，可一次解除所有对象的锁定状态。

综合实训——绘制小精灵插画

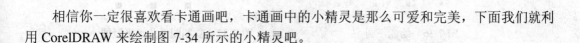

相信你一定很喜欢看卡通画吧，卡通画中的小精灵是那么可爱和完美，下面我们就利用 CorelDRAW 来绘制图 7-34 所示的小精灵吧。

图 7-34　绘制小精灵

　　小精灵的翅膀可通过将两个椭圆进行焊接获得,眼珠可通过将两个椭圆进行修剪获得,眉毛可利用"3 点曲线"工具 绘制,腮红可利用"螺纹"工具 绘制,身体可利用"钢笔"工具 绘制,其他部分都可利用"椭圆形"工具 绘制。

　　步骤 1▶　利用"椭圆形"工具 绘制一个规格为 40×65mm 的椭圆,然后在属性栏中设置旋转角度为 15°,如图 7-35 所示。

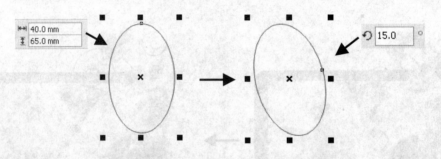

图 7-35　绘制椭圆并进行旋转

　　步骤 2▶　按下【Ctrl】键的同时,利用"椭圆形"工具 在刚才绘制的椭圆左下角绘制一个正圆(24×24mm),如图 7-36 所示。

　　步骤 3▶　选中椭圆和正圆,原位置复制一份,单击属性栏中的"水平镜像"按钮 ,将其水平镜像,然后水平向右移动使其形成对称图形,效果如图 7-37 所示。

图 7-36　绘制正圆　　　　　　　　　图 7-37　复制图形并水平镜像

　　步骤 4▶　选中绘制的 4 个对象,单击属性栏中的"焊接"按钮 ,将其进行焊接操作，如图 7-38 所示。

步骤 5▶ 保持焊接图形的选中状态，在调色板中单击选择黄色（Y: 100）色块填充图形，然后将轮廓线设置为黑色、宽度为 2.0mm，如图 7-39 所示。

图 7-38 焊接图形　　　　　　图 7-39 填充与设置轮廓线颜色

步骤 6▶ 利用"椭圆形"工具 ◎ 绘制 46×46mm 的正圆，填充为幼蓝色（C: 60，M: 40），轮廓线为黑色、宽度为 1.5mm，如图 7-40 左图所示。

步骤 7▶ 原位置复制正圆，然后将其大小更改为 41×41mm，设置其填充为幼蓝色到白色的线性渐变色，并取消轮廓线，如图 7-40 右图所示。

图 7-40 绘制小精灵的脸

步骤 8▶ 下面绘制小精灵的眼睛。利用"3 点椭圆形"工具 ◎ 绘制一个倾斜的椭圆，设置其填充色为白色，轮廓线颜色为冰蓝色（C: 40），宽度为 2.0mm，如图 7-41 所示。

步骤 9▶ 利用"椭圆形"工具 ◎ 绘制两个相交的椭圆，绘制顺序及规格如图 7-42 左图所示。同时选中两圆，单击属性栏中的"移除前面对象"按钮 ，得到一个月牙形，将其填充为天蓝色（C: 100，M: 20），取消轮廓线，如图 7-42 右图所示。最后调整其位置，作为小精灵的眼珠。

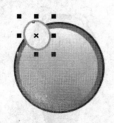

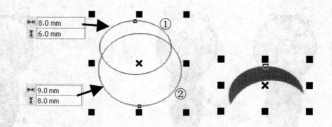

图 7-41 绘制眼睛轮廓　　　　　　　　图 7-42 绘制眼睛

步骤 10▶ 利用"3 点曲线"工具 在眼睛上方绘制眉毛，设置轮廓线颜色为天蓝色（C: 100，M: 20），宽度为 1.5mm，如图 7-43 所示。

步骤 11▶ 将眼轮廓、眼睛及眉毛进行群组，原位置复制一份，然后单击属性栏中的"水平镜像"按钮 ，将其水平镜像，并水平向右移，如图 7-44 所示效果。

步骤 12▶ 下面绘制小精灵的嘴。利用"椭圆形"工具 ⊙绘制图 7-45 所示的椭圆，轮廓线宽度为 1.5mm，颜色为黑色，其填充色为黄色（Y：100）到橘红色（M：60，Y：100）的线性渐变色。

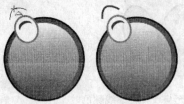

图 7-43 绘制眉毛　　　　　　图 7-44 将眼部群组并复制和水平镜像　　　　图 7-45 绘制嘴部

步骤 13▶ 选择"螺纹"工具 ，在属性栏中单击"对称式螺纹"按钮 ，设置"螺纹回圈"为 3，如图 7-46 左图所示，然后在页面中绘制一个螺纹图形，轮廓线宽为 1.0mm，颜色为洋红（M：100），作为脸部的腮红，如图 7-46 中图所示。最后复制并镜像一个放在右脸部，如图 7-40 右图所示。

图 7-46 绘制脸部红晕

步骤 14▶ 用"钢笔"工具 绘制图 7-47 左图所示形状，填充天蓝色（C：100，M：20）并取消轮廓线。选择"排列">"顺序">"到图层后面"菜单，将该形状调整为图 7-47 右图所示效果。

步骤 15▶ 用"钢笔"工具 绘制图 7-48 左图所示形状，设置其填充色为蓝色（C：100，M：100），无轮廓线。这时，小精灵的基本形态就绘制完成了，如图 7-48 右图所示。

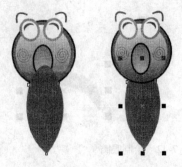

图 7-47 绘制图形并调整顺序　　　　　　　　　图 7-48 绘制图形

步骤 16▶ 框选小精灵的各部分进行群组，与翅膀进行组合，如图 7-49 所示。

步骤 17▶ 利用"椭圆形"工具 ⊙绘制两个正圆（10×10mm），设置填充色为白色，轮廓线为天蓝色（C：100，M：20），宽度为 1.5mm，如图 7-50 所示。

图 7-49　组合图形　　　　　　　　　　图 7-50　绘制正圆

步骤 18▶　打开本书配套素材"素材与实例"\"Ph7"文件夹中的"05.cdr"文件，如图 7-51 左图所示，将渐变正方形和椭圆复制到小精灵文档页面中，然后选择"排列" > "顺序" > "到图层后面"菜单，将它们放置在小精灵的下方，此时画面效果如图 7-51 右图所示。至此，本例就制作完成了。按【Ctrl+S】组合键，将文件保存。

图 7-51　打开素材文件并制作背景

本章小结

本章主要介绍了对象的群组与取消群组、结合与打散、对齐与分布、锁定与解锁的方法，以及调整对象顺序和使用图层管理对象的方法。总体而言，这些操作都比较简单，读者应尽量熟练掌握并且记住其对应的快捷键，从而提高工作效率。

思考与练习

一、填空题

1. 要群组对象，可在选中对象后按_____组合键；要取消群组，可在选中群组对象后按_____组合键。

2．要结合对象，可在选中对象后按_____组合键；要打散结合的对象，可在选中结合对象后按_____组合键。

3．如果希望将某对象置于页面最上层，可以按_____组合键；如果希望将某对象置于页面最下层，可以按_____组合键。

4．如果希望将某对象上移一层，可以按_____组合键；如果希望将某对象下移一层，可以按_____组合键。

二、问答题

1．群组与结合有什么区别？

2．锁定对象后，如何将其解锁？

3．如果要将某对象置于其他对象的上方，应选择什么菜单？如果要将某对象置于指定对象的下方，应如何操作？

4．如果要将一组对象按顶部对齐，应该如何操作？

5．如果要将一组对象在垂直方向上，以各对象顶部为基准进行均匀分布，应该如何操作？

三、操作题

参照本章所学知识，制作图 7-52 所示的标志。

图 7-52　标志

提示：

步骤 1▶　利用"箭头形状"工具绘制两个箭头图形，然后将两者进行修剪，得到房子图形。

步骤 2▶　利用"钢笔"工具绘制一个不规则的四边形作为烟囱，利用"椭圆形"工具绘制 4 个小圆形。

步骤 3▶　利用"椭圆形"工具绘制两个大椭圆，并进行修剪，将修剪后的图形与其他图形结合，用艺术笔工具组中的"预设工具"绘制房子中间的折线，并填充为红色，最后输入文字完成制作。

第8章 应用文本

【本章导读】

文字是平面设计中必不可少的设计元素。CorelDRAW 具有专业文字处理和编排复杂版式的强大功能。本章将详细介绍如何使用 CorelDRAW 制作出美观大方的段落和美术字文本，以及文本的一些特殊处理。

【本章内容提要】

- 输入美术字与段落文本
- 文本编辑与格式设置
- 设置首字下沉与使用项目符号
- 查找与替换文本
- 按路径或图形排列文本
- 将美术字转换为曲线图形
- 应用文本样式与插入特殊字符、符号

8.1 输入与编辑文本

实训 1 设计贺年卡——输入美术字与段落文本

在 CorelDRAW 中，文本包括两种文本类型，分别是美术字文本和段落文本。

- **美术字文本**：是以字符为单位，作为一个单独对象使用，各种处理图形的方法都可以用来对美术字文本进行修饰。文字较少时通常使用美术字文本，如商品名称、书籍标题等，美术字文本的效果如图 8-1 所示。

● **段落文本：** 具有段落文本框，可以进行分栏、缩进、对齐等操作。使用段落文本
可以制作杂志、产品说明、宣传手册等。段落文本的效果如图 8-2 所示。

图 8-1 美术字文本效果　　　　　　　　　　　图 8-2 段落文本效果

【实训目的】

● 掌握利用"文本"工具 字 输入美术字与段落文本的方法。

【操作步骤】

步骤 1▶ 打开本书配套素材"素材与实例"\ "Ph8" 文件夹中的"01.cdr"文件，如
图 8-3 所示，然后在工具箱中选择"文本"工具 字，在绘图页面上单击鼠标左键，此时单
击处将出现一个闪烁的"|"形插入光标，如图 8-3 右图所示。

图 8-3 打开素材文件与插入文字光标

步骤 2▶ 选择一种中文输入法，然后在文本属性栏中选择字体为"汉仪雪峰体简"，
设置字号为"75pt"，然后输入美术字文本，如图 8-4 所示。

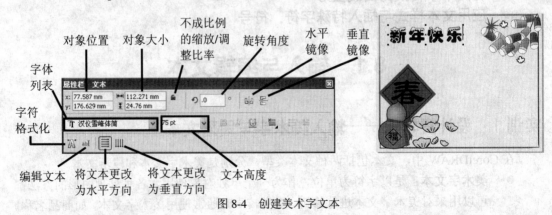

图 8-4 创建美术字文本

步骤 3▶ 要在其他位置输入文字，可在该位置单击即可。如在中文下方输入"HAPPY NEW YEAR"字样，并按照图 8-5 左图所示的参数进行设置，得到图 8-5 右图所示效果。

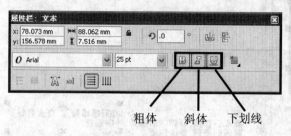

粗体　斜体　下划线

图 8-5　输入英文

步骤 4▶ 下面输入段落文本。利用"文本"工具 字 在绘图页面按住鼠标左键，沿对角线拖动鼠标，拖出一个矩形的虚线框（文本框），如图 8-6 左图所示。

步骤 5▶ 在文本属性栏中设置字体为"汉仪菱心体简"，字号为"30pt"，然后即可在文本框中直接输入段落文本，如图 8-6 右图所示。

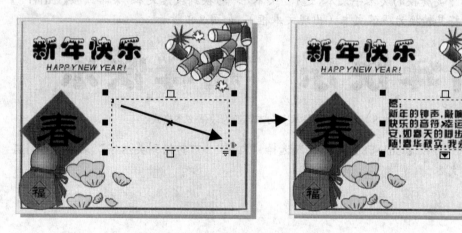

图 8-6　创建段落文本

若文本框中的文字超出了文本框的范围，在文本框下端的中部会出现一个向下的箭头 ⊡，在箭头上按住鼠标左键并向下拖动可显示文本全部内容，如图 8-7 左图所示。

若单击箭头 ⊡，此时光标呈 形状，然后在绘图区的其他位置单击并向对角线方向拖动鼠标可创建文本框，该文本框与原有文本框呈链接关系，并显示出在原有文本框中被隐藏的文字内容。

图 8-7 显示段落文本框中被隐藏的内容

步骤 6▶   美术字文本与段落文本虽各有特性，但它们可以互相转换。利用"挑选"工具 单击选中要转换的美术字文本，选择"文本">"转换到段落文本"菜单或按【Ctrl+F8】组合键，即可将其转换为段落文本（出现文本框），如图 8-8 所示。

图 8-8 将选中的美术字文本转换为段落文本格式

步骤 7▶   再按【Ctrl+F8】组合键或选择"文字">"转换到美术字"菜单，可将其转换回美术字文本。

.提 示.

> 若将美术字打散、转换成曲线或应用封套效果（详见第 9 章），将不能转换成段落文本；当段落文本的内容超过了文本框的容量或与其他文本框链接，或应用了封套效果，将不能转换为美术字文本。

实训 2 设计时尚杂志（上）——文本编辑与格式设置

创建文本后，我们可以利用属性栏、"字符格式化"和"段落格式化"泊坞窗对文本属性进行相应的编辑。

【实训目的】

● 掌握"文本"属性栏、"字符格式化"和"段落格式化"泊坞窗的用法。

【操作步骤】

步骤 1▶   打开本书配套素材"素材与实例"\"Ph8"文件夹中的"02.cdr"文件，利

用"挑选"工具 🖰 单击文本对象，可选中美术字文本（或整个段落文本），若按住【Shift】
键单击可选中多个文本，如图 8-9 左图所示。

步骤 2► 选中文本后，在文本属性栏中的"对象位置"和"对象大小"编辑框中输
入数值，可以改变文本对象的位置和大小；在"旋转角度"编辑框中输入数值，按【Enter】
键后可以旋转文本对象，如图 8-9 右图所示。

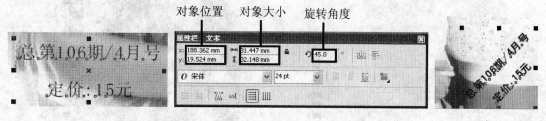

图 8-9 选中文本并利用"文本"属性栏调整文本属性

步骤 3► 利用"挑选"工具 🖰 选中"时尚"文本，通过拖动文本四周的手柄可调整
文本的高度和宽度。此外，双击文本进入旋转状态后，可旋转与倾斜文本，如图 8-10 所示。

图 8-10 利用"挑选"工具缩放、旋转和倾斜文本对象

步骤 4► 在原位置复制"时尚"文本，并单击文本工具属性栏中的"垂直镜像"按
钮 ，垂直镜像文本对象，如图 8-11 左图所示。此外单击"水平镜像"按钮 ，可水平
镜像文本对象，如图 8-11 右图所示。

图 8-11 垂直与水平镜像文本对象

步骤 5► 选中"Fashion"，单击属性栏中的"将文本更改为垂直方向"按钮 ，可
以将横排文本更改为直排文本，如图 8-12 所示。若单击"将文本更改为水平方向"按钮 ，
可以将直排文本更改为横排文本。

图 8-12　将横排文本更改为直排文本

步骤 6▶　默认情况下，文本的填充色为黑色，无轮廓色，如果希望更改文本的填充色和轮廓色，可在调色板中用鼠标左键或右键单击选取颜色，或者使用前面介绍的方法为文字设置渐变色、图案或纹理填充，如图 8-13 所示。

步骤 7▶　要修改文本内容，可利用"文本"工具 字 单击文本对象，当文本中显示闪烁的光标时，可以输入、删除和修改文本，如图 8-14 左图所示。要修改部分文本的属性，可在进入文本编辑状态后，通过拖动方式选中文本，然后利用属性栏修改文本属性，如图 8-14 右图所示。

图 8-13　填充与描边文本　　　　　　图 8-14　修改文本内容与修改部分文本属性

步骤 8▶　利用前面介绍的方法，对页面中的其他文本对象进行相应的编辑，其编辑效果如图 8-15 所示。

步骤 9▶　用"形状"工具单击文本后，每个字（字母）左下角会出现一个白色小方块，如图 8-16 所示，单击小方块可选取相应的字（字母），从而对其进行属性设置，拖动小方块可移动该文字的位置，如图 8-17 所示。此外，若按住【Shift】键的同时，单击文字左下角的方块，可以选中多个文字。

图 8-15　编辑文本属性

图 8-16　选中"形状"工具后的文本状态

图 8-17　利用"形状"工具移动单字的位置

提　示

利用"形状"工具调整单字的位置后，通过选择"文本">"对齐基线"菜单和"文本">"矫正文本"菜单，可重新对齐与矫正文本，使其基本恢复原状。

步骤 10▶　选中文本后，选择"文本">"编辑文本"菜单，或单击属性栏中的"编辑文本"按钮，可在打开的"编辑文本"对话框中编辑文本内容，修改字体和字号等属性，如图 8-18 所示。

步骤 11▶ 按【Ctrl+T】组合键或选择"文本">"字符格式化"菜单，可以打开图 8-19 所示"字符格式化"泊坞窗，利用该泊坞窗可为选定文字设置字体、下划线、删除线，或者将其转换为上、下标，以及设置旋转角度、水平偏移和垂直偏移等，如图 8-20 所示。

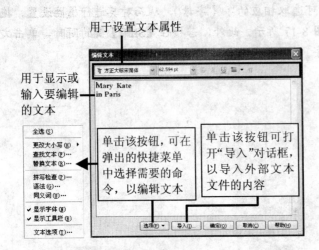

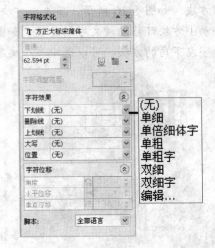

图 8-18 "编辑文本"对话框   图 8-19 "字符格式化"泊坞窗

Mary Kate H$_2$O X^2 PARIS

图 8-20 为文字添加上划线、删除线、下标、上标以及角度和位移效果

步骤 12▶ 切换到"02.cdr"文件的页面 2，然后利用"挑选"工具选中页面中的段落文本，在其右下角会出现≡和∥两个符号，单击并拖动这两个符号可分别调整段落文本的行间距和列间距，如图 8-21 所示。

图 8-21 调整段落文本的行间距和列间距

步骤 13▶ 如果希望精确调整字间距和行间距，可选择"文本">"段落格式化"菜单，打开图 8-22 左图所示"段落格式化"泊坞窗，在"间距"设置区中的"行"编辑框中输入数值，按【Eeter】键可以改变行间距；在"段落前"或"段落后"编辑框中输入数值，可以设置段落间的间距，如图 8-22 右图所示。

步骤 14▶ 在"缩进量"设置区中的"首行"编辑框用于控制段落的首先缩排；在"左"或"右"编辑框中输入数值，可以设置段落左、右两侧缩排（注：左缩进时，段落首行不缩排），如图 8-23 所示。

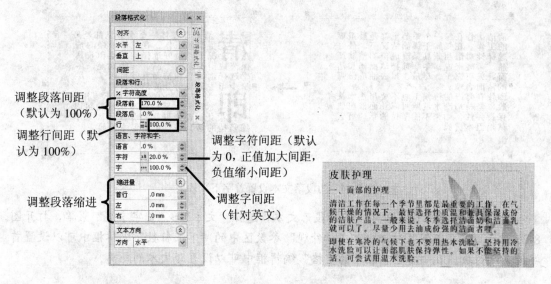

调整段落间距（默认为 100%）

调整行间距（默认认为 100%）

调整字符间距（默认为 0，正值加大间距，负值缩小间距）

调整段落缩进

调整字间距（针对英文）

图 8-22 利用"段落格式化"泊坞窗设置段落前与行间距

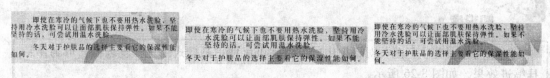

图 8-23 分别设置段落的首行、左和右缩进

 提示

要单独为某个段落设置段落格式，可以利用"文本"工具 [字] 在该段落中单击，插入光标，然后再进行相应的格式编辑。

实训 3 设计时尚杂志（中）——设置首字下沉与使用项目符号

在 CorelDRAW 中，利用"首字下沉"命令可以将段落中的第一个字放大，以突出其提纲挈领的作用。利用"项目符号"命令可以在文本的每个段落前添加项目符号，并且还可以更改项目符号。

【实训目的】

● 了解"首字下沉"命令的用法。

● 了解"项目符号"命令的用法。

【操作步骤】

步骤 1▶ 利用"挑选"工具 [箭头] 选中段落文本，单击"文本"工具 [字] 属性栏中的"显示/隐藏首字下沉"按钮 [图标]，即可为段落文本设置首字下沉效果，如图 8-24 所示。

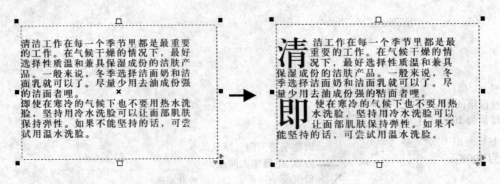

图 8-24　为段落文本设置首字下沉效果

步骤 2▶ 选中设置首字下沉的段落文本，选择"文本"＞"首字下沉"菜单，打开图 8-25 所示"首字下沉"对话框，在"外观"参数区中的"下沉行数"编辑框中可以设置首字的下沉行数，在"首字下沉后的空格"编辑框中可以设置距文本的距离。

知识库

　　如果勾选"首字下沉"对话框中的"首字下沉使用悬挂式缩进"复选框，可制作悬挂缩进效果，如图 8-26 所示。

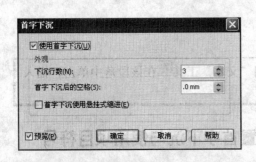

图 8-25　"首字下沉"对话框　　　　　　图 8-26　首字下沉的悬挂缩进效果

步骤 3▶ 要为段落文本添加项目符号，只需在选择段落文本后，单击"文本"工具 字 属性栏中的"显示/隐藏项目符号"按钮，即可为全文的段落添加项目符号。

步骤 4▶ 要编辑项目符号，可选择"文本"＞"项目符号"菜单，打开图 8-27 右图所示的"项目符号"对话框，单击"使用项目符号"复选框，在"字体"下拉列表框中选择一种字体，在"符号"下拉列表框中选择一种符号。此外，用户也可通过其他参数的设置调整项目符号的外观及与文字的关系。

步骤 5▶ 设置好后单击 确定 按钮，段落文本中的项目符号即被更改，如图 8-27 左下图所示。

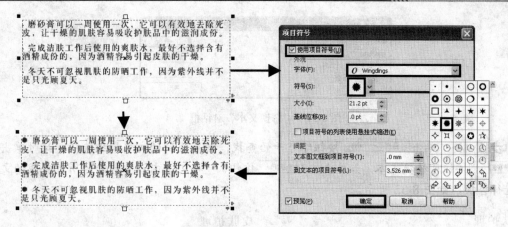

图 8-27　添加并更改项目符号

步骤 6▶ 使用"文本"工具 字 将段落前的项目符号选中，然后打开"项目符号"对话框的"符号"下拉列表框中选择所需的项目符号，设置好后单击 确定 按钮，即可更改所选的项目符号，如图 8-28 所示。

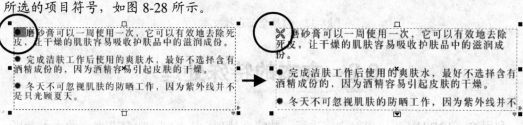

图 8-28　用"项目符号"对话框更改所选项目符号

实训 4　设计时尚杂志（下）——查找与替换文本

当用户需要在一篇较长的文本内容中选择特定的文本，或将多次出现的同一文本替换为其他内容时，可使用 CorelDRAW 中提供的"查找文本"和"替换文本"功能。

步骤 1▶ 选择"编辑">"查找与替换">"查找文本"菜单，打开"查找文本"对话框，在"查找"文本框中键入"节"字，如图 8-29 所示。

步骤 2▶ 单击 查找下一个(N) 按钮即可开始查找，被查找到的文本将被选中，如图 8-30 所示。如再次单击 查找下一个(N) 按钮，系统将继续在文本内容中查找下一处相同的文本。

皮肤护理

一、面部的护理
清■工作在每一个季度里都是最重要的工作。在气候干燥的情况下，最好选择性质温和兼具保湿成份的节肤产品。一般来说，冬季选择节面奶和节面乳就可以了。尽量少用去油成份强的节面者哩。

图 8-29　"查找文本"对话框　　　　　图 8-30　显示查找文本的结果

步骤 3▶ 如要替换文本，可选择"编辑">"查找与替换">"替换文本"菜单，打开"替换文本"对话框。在"查找"文本框中输入要查找的文本"节"，在"替换为"文本框中输入要代替的文本"洁"，如图 8-31 所示。

替换文本
查找(F): 节
替换为(R): 洁
区分大小写(C)
仅查找整个单词(I)
查找下一个(N)
替换(E)
全部替换(P)
关闭

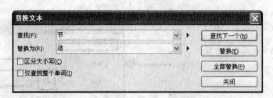

图 8-31 “替换文本”对话框

步骤 4▶ 单击 查找下一个(N) 按钮即可开始查找，被查找到的文本将被选中。此时单击 替换(E) 按钮可替换文本。如单击 替换全部(P) 按钮，可将文本内容中包含的所有查找的文本进行替换，如图 8-32 所示。

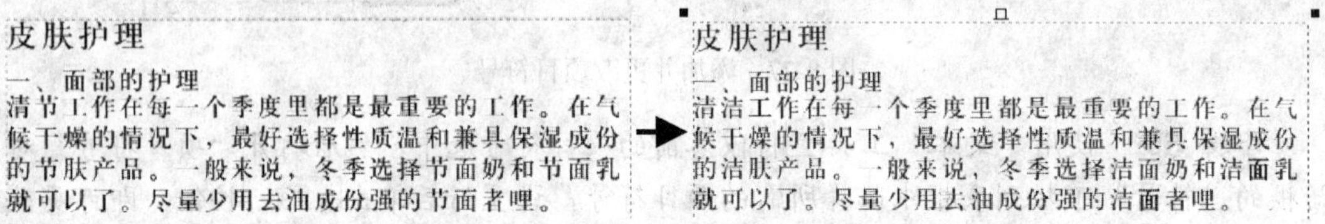

皮肤护理
一、面部的护理
清节工作在每一个季度里都是最重要的工作。在气候干燥的情况下，最好选择性质温和兼具保湿成份的节肤产品。一般来说，冬季选择节面奶和节面乳就可以了。尽量少用去油成份强的节面者哩。
皮肤护理
一、面部的护理
清洁工作在每一个季度里都是最重要的工作。在气候干燥的情况下，最好选择性质温和兼具保湿成份的洁肤产品。一般来说，冬季选择洁面奶和洁面乳就可以了。尽量少用去油成份强的洁面者哩。

图 8-32 替换全部查找文本

8.2 文本的特殊处理

利用 CorelDRAW 还可以对文字进行一些特殊处理，从而制作出复杂多变的文本效果。例如：沿路径排列文本，按图形排列文本，以及将美术字转换成曲线图形等。

实训 1 设计纪念章——沿路径排列文本

【实训目的】

- 掌握沿路径排列文本的方法。

【操作步骤】

步骤 1▶ 打开本书配套素材“素材与实例”\“Ph8”文件夹中的“03.cdr”文件，利用“挑选”工具同时选中图 8-33 左图所示的文本和路径，然后选择“文本”>“使文本适合路径”菜单，即可将文本沿该路径排列，效果如图 8-33 右图所示。

但愿人长久，千里共婵娟
但愿人长久，千里共婵娟

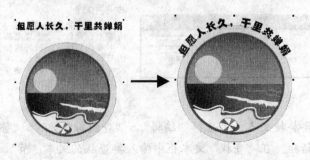

图 8-33 使文本适合路径

将文本沿路径排列还有一种方法：选择"文本"工具，然后将光标移至路径上（靠外部），当光标变成插入点光标时单击鼠标左键，然后键入文本，则文字会自动沿着选定的路径弧度来排列，如图 8-34 所示。

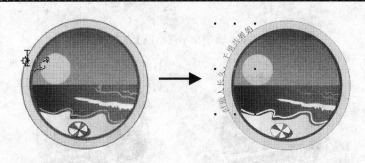

图 8-34　将文本沿路径键入

步骤 2▶　用"挑选"工具选中沿路径排列的文字后，可将文字拖离路径，此时文字与原路径之间会显示蓝色虚线，至合适距离后，释放鼠标可改变文字与路径的距离，如图 8-35 所示。

图 8-35　调整文字与路径的距离

步骤 3▶　用"挑选"工具选中沿路径排列的文字后，如果沿路径拖动文字，可以更改文字在路径上的起始位置，如图 8-36 所示。

步骤 4▶　用"挑选"工具选中沿路径排列的文字后，单击属性栏中的"水平镜像"按钮或"垂直镜像"按钮，可以将文本沿路径水平或垂直翻转，如图 8-37 所示。

图 8-36　改变文字在路径上的位置

图 8-37　沿路径水平或垂直镜像文本

步骤 5▶　用"挑选"工具　选中沿路径排列的文字后，单击属性栏中的"文字方向"下拉列表，从显示的列表中选择任意预设方向，可以改变文字在路径上放置的角度，如图 8-38 所示。

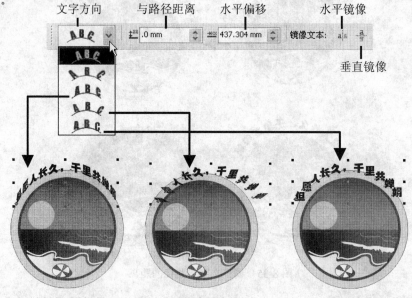

图 8-38　更改文字在路径上放置的角度

步骤 6▶　使用鼠标单击路径，按【Ctrl+K】组合键将文字与路径拆分，然后在选中路径后按【Delete】键，可以将路径删除，如图 8-39 所示。

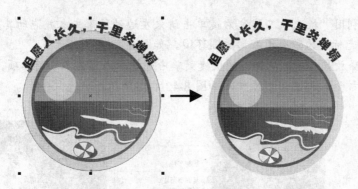

图 8-39 删除路径后的文本效果

提示

选中删除路径后的文本，选择"文本">"矫正文本"菜单，可将文本恢复到原来输入时的状态。

实训 2　设计结婚请柬——按图形排列文本

【实训目的】
● 掌握按图形排列文本的方法。

【操作步骤】

步骤 1▶　打开本书配套素材"素材与实例"\"Ph8"文件夹中的"04.cdr"文件，选择"文本"工具 字 并在其工具属性栏中设置图 8-40 所示的属性。

若没有此种字体可用其他字体代替或从相关字体网站上下载

图 8-40　设置文本属性

步骤 2▶　设置完后，将光标移至桃心形状的边缘（靠内部），当光标呈 形状时单击鼠标左键，图形对象内部会产生虚线文本框架，此时在文本框内键入"百年好合 永结同心"字样，并为文字填充颜色（如粉红色），如图 8-41 所示。

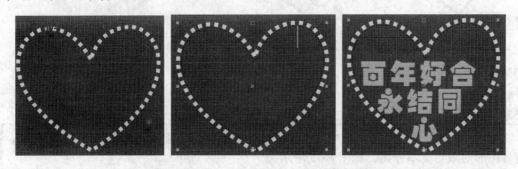

图 8-41　在图形内部输入文字

步骤3▶ 利用"挑选"工具 右键单击请柬左边的段落文本并拖动其至蓝色桃心形状的内部，此时光标变为带有十字形的圆环 ，如图 8-42 左图所示。

步骤4▶ 释放鼠标后，从弹出的快捷菜单中选择"内置文本"菜单项，如图 8-42 中图所示，文本即被置入到图形对象中，如图 8-42 右图所示。

图 8-42　在图形内部放置文本

知识库

　　若置入的文本太多，无法完全显示在图形对象中时，可用"挑选"工具 或"文字" 工具选中文本，然后选择"文本">"段落文本框">"使文本适合框架"菜单，系统会根据文本框的大小自动调整字体大小，以使整个段落文本呈现在文本框中，如图 8-43 所示。

　　若改变图形对象的形状，则文本也随框架的改变发生变化，如图 8-44 所示。

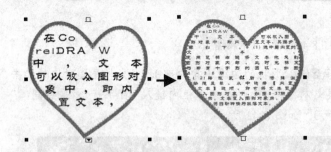

图 8-43　文本适合框架　　　　　　　　　图 8-44　文本随框架的改变而变化

提示

　　利用"挑选"工具 或"文字"工具 选中内置文本对象后，按【Ctrl+K】组合键，可将图形对象与文本分离，如图 8-45 所示。

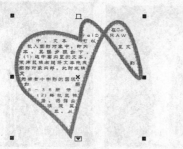 

图 8-45 分离图形与文本

步骤 5▶ 利用"挑选"工具 ⬚ 右键单击夫妻图像，从弹出的快捷菜单中选择"段落文本换行"选项，如图 8-46 左图所示，即可让段落文本围绕图形的外框排列，如图 8-46 右图所示。

图 8-46 段落文本环绕图形效果

在选中图形对象的状态下，单击属性栏中的"段落文本换行"按钮 ▦，可在显示的列表中选择段落文本环绕图形的不同样式，如图 8-47 所示。其中"轮廓图"换行样式沿循对象的曲线轮廓，"方角"换行样式沿循对象的最长与最宽边所形成的矩形轮廓。图 8-48 所示为部分段落文本换行效果。

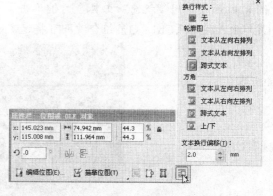

图 8-47 "段落文本换行"列表

轮廓图文本从左向右排列　　　轮廓图文本从右向左排列　　　轮廓图跨式文本

方角文本从左向右排列　　　　方角文本从右向左排列　　　　方角跨式文本

图 8-48　不同的文本绕图效果

实训 3　设计文字标志——将美术字转换成曲线图形

在 CorelDRAW 中可将美术字转换为曲线，从而可以任意的改变文字的形状，满足设计需求。

这样做的另一优点是即使在其他的计算机上没有安装你所使用的艺术字体，也能将其显示出来，因为它已经变成了曲线图形了。

【实训目的】

● 掌握将美术字转换成曲线的方法。

【操作步骤】

步骤 1▶　打开本书配套素材 "素材与实例" \ "Ph8" 文件夹中的 "05.cdr" 文件，如图 8-49 所示。用 "挑选" 工具 右键单击文字，在弹出的快捷菜单中选择 "转换为曲线" 菜单项或按下【Ctrl + Q】组合键即可将选定的文本转换成曲线，如图 8-50 所示。

图 8-49　打开素材文件

图 8-50　将文字转换为曲线

步骤 2▶　选择"形状"工具，进入节点编辑状态，如图 8-51 所示。双击"爽"字的部分节点，如图 8-52 左图所示，删除该节点，效果如图 8-52 右图所示。

图 8-51　进入节点编辑状态

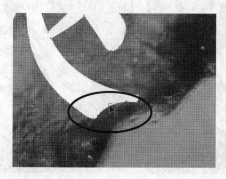

图 8-52　用"形状"工具删除部分节点

步骤 3▶　用"形状"工具在图 8-53 左图所示的位置双击，添加一个节点。效果如图 8-53 右图所示。

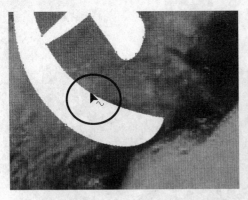

图 8-53　用"形状"工具添加节点

步骤 4▶　用"形状"工具 向右移动图 8-54 左图所示的节点，并适当调整其他节点的位置和控制手柄，得到图 8-54 右图所示的效果。

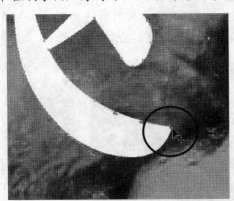

图 8-54　用"形状"工具调整节点

步骤 5▶　用与步骤 2 至 4 同样的方法调整"激"字中的一撇，如图 8-55 所示。

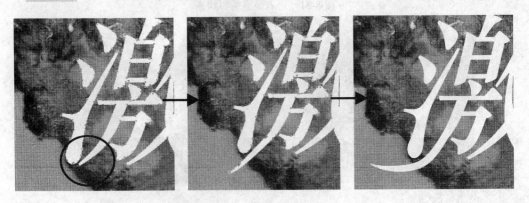

图 8-55　用"形状"工具调整节点

步骤 6▶　将文字左右两边的两个浪花状图形移动到图 8-56 所示的位置，并与文字的笔画接合到一起。

图 8-56　移动浪花形状

8.3　应用文本样式与特殊字符、符号

实训 1　编排杂志内页（上）——使用文本样式

文本样式是预先定义好的文本格式，包括字体、间距、对齐方式等。对选取的文本应用样式，可以快速改变文本属性。此外，用户还可以新建、修改和编辑样式。

【实训目的】

● 了解"图形和文本样式"命令的使用方法。

【操作步骤】

步骤 1▶　打开本书配套素材"素材与实例"\"Ph8"文件夹中的"06.cdr"文件，利用"文本"工具 选中要应用样式的段落文本，如图 8-57 所示。

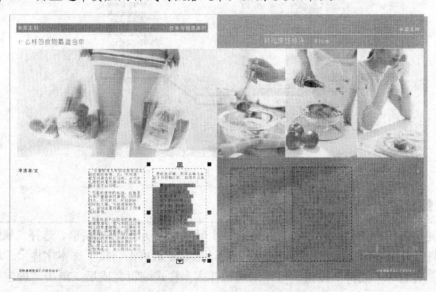

图 8-57　选择要应用样式的段落文本

步骤 2▶ 选择"工具">"图形和文本样式"菜单，打开图 8-58 所示的"图形和文本"泊坞窗，系统默认提供了 9 种文本样式。

步骤 3▶ 在"图形和文本"泊坞窗中双击"特殊项目符号 1"样式，即可将该样式应用到文本，效果如图 8-59 所示。

图 8-58　"图形和文本"泊坞窗　　　　图 8-59　为所选文本应用样式

> 　　根据操作需要，用户也可以自定义一个样式，将其保存到文本样式列表中，以供随时使用。在打开的"图形和文本"泊坞窗中，单击右上角的"选项"按钮，从弹出的菜单中选择"新建"下的"美术字样式"或"段落文本样式"选项，新建的文本样式将出现在样式列表中，如图 8-60 所示。

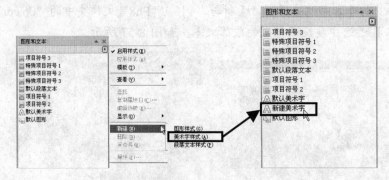

图 8-60　新建文本样式

> 　　右键单击任一一个样式名称，可弹出图 8-61 左图所示的快捷菜单，选择"属性"菜单项，将打开图 8-61 右图所示的"选项"对话框。分别单击"拉丁文本字体"、"填充"、"轮廓"右边的"编辑"按钮，可详细编辑样式。样式编辑完成后，单击"确定"按钮即可。

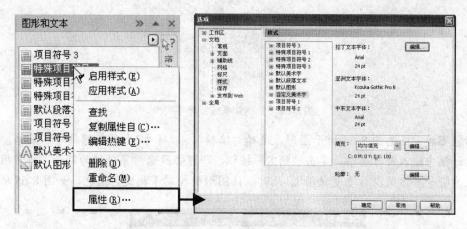

图 8-61 用"选项"对话框编辑样式

实训2 编排杂志内页（下）——使用特殊字符与符号

在 CorelDRAW 中提供了多种特殊字符，用户可以根据需要将字符或符号作为图形添加到绘图作品中。此外，用户还可以创建、编辑符号。

【实训目的】

● 了解在文本中插入特殊字符和符号的方法。

【操作步骤】

步骤 1▶ 选择"文本">"插入符号字符"菜单，或按【Ctrl+F11】组合键，打开图 8-62 所示的"插入字符"泊坞窗。

步骤 2▶ 在"字体"列表中选择特殊字符所在的字体，然后在显示的字符列表中选择字符，单击"插入"按钮或直接将符号拖到绘图页面中，释放鼠标后，字符即被添加到绘图页面中并成为图形，如图 8-63 左图所示。

步骤 3▶ 将字符的填充与轮廓色均设置为粉红色，如图 8-63 右图所示。

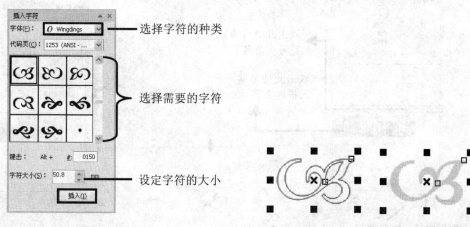

图 8-62 "插入字符"泊坞窗   图 8-63 插入字符并设置填充与轮廓色

步骤 4▶ 将刚才编辑的字符进行复制并垂直镜像，如图 8-64 所示。

图 8-64　复制并垂直镜像字符

步骤 5▶ 框选图 8-64 所示图形，选择"编辑">"符号">"新建符号"菜单，在弹出的对话框中输入符号名称，单击"确定"按钮，即可将所选对象创建为符号（将常用的图形定义为符号可方便以后重复使用）。此时，该图形的控制手柄变为蓝色，如图 8-65 所示。

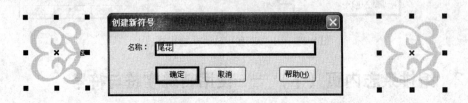

图 8-65　创建符号

步骤 6▶ 选择"编辑">"符号">"符号管理器"菜单，打开"符号管理器"泊坞窗，在该泊坞窗中显示了新建的符号，如图 8-66 所示。

步骤 7▶ 单击"编辑符号"按钮，或选择"编辑">"符号">"编辑符号"菜单进入符号编辑状态，此时，用户可以对页面中的符号进行相应编辑。本例将符号逆时针旋转 90° 并缩放为原大的 12%，如图 8-67 左图所示。

步骤 8▶ 选择"编辑">"符号">"完成编辑符号"菜单，完成符号的编辑。"符号管理器"泊坞窗中的对象也随之作出相应的变化，如图 8-67 右图所示。与此同时，画面中的符号都被修改过来。

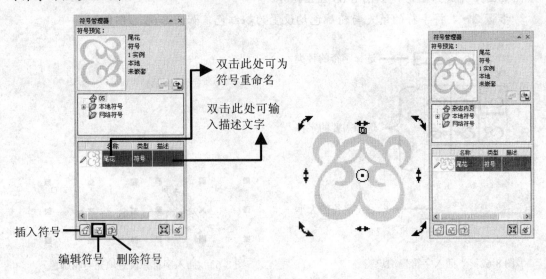

图 8-66　"符号管理器"泊坞窗　　　　　　　　　　图 8-67　编辑符号

选中页面中的符号实例，然后选择"编辑">"符号">"还原到对象"菜单，可以将符号实例还原为普通图形对象。

步骤 9▶ 将编辑好的符号插入到页面中作为每篇文章的尾花，如图 8-68 所示。

图 8-68　插入符号作为尾花

综合实训——设计牙膏广告

牙膏广告通常需要给人以清新、自然的感觉，下面就结合本章所学知识，制作图 8-69 所示的牙膏广告。

本例中的人物均为外部导入的位图，中间为使用"矩形"工具 ▢ 和"折线"工具 ▲ 绘制的装饰条。本例的重点是文字处理，通过打散美术字，为不同文字设置不同的渐变色；利用"形状"工具 ▶ 调整单个文字的大小和位置。

步骤 1▶ 打开本书配套素材"素材与实例/Ph8"文件夹中的"07.cdr"文件，如图 8-70 所示。

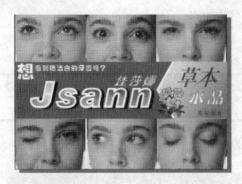

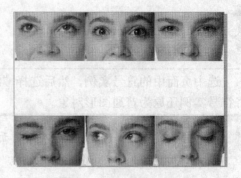

图 8-69　制作牙膏广告　　　　　　　　　　　　图 8-70　打开素材文件

步骤 2▶　利用"矩形"工具 ▢ 在图 8-71 所示位置绘制矩形，然后填充洋红色（M:
100），并取消轮廓线。

步骤 3▶　利用"折线"工具 ▲ 在洋红色矩形的右边绘制一个多边形，并设置其填充色
为白色，无轮廓线，如图 8-72 所示。

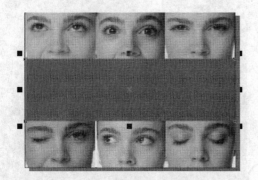
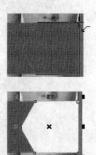

图 8-71　绘制矩形并填色　　　　　　　　　　图 8-72　绘制多边形并填色

步骤 4▶　将绘制的多边形原位置复制一份，将宽度缩小，并对其填充酒绿色（C: 40,
Y: 100）到乳色（Y: 30）的线性渐变色，如图 8-73 所示。

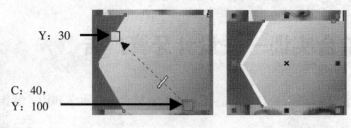

图 8-73　对图形进行线性填充并调整大小

步骤 5▶　利用"文本"工具 字 输入英文"Jsann"，设置字体为"Arial Black"，字号
为"134pt"，轮廓线为白色，线宽为"3.0mm"，并将文本进行倾斜，如图 8-74 所示。

步骤 6▶　将该文字复制一组，设置填充及轮廓线颜色均为深蓝色（C: 100, M: 100），
按下【Ctrl+PgDn】组合键，将文字后移一位作为阴影，如图 8-75 所示。

图 8-74 输入文字并设置其属性

图 8-75 复制、填充文字并作为阴影放置

步骤 7▶ 选中上层文字，按下【Ctrl+K】组合键，将各字母打散。选择字母 "J"，然后将其填充为酒绿色（C：40，Y：100）到白色的射线渐变，如图 8-76 左图所示。

步骤 8▶ 参照与步骤 7 相同的操作方法，选中其余四个字母，并对它们填充洋红色（M：100）到白色的线性渐变色，如图 8-76 右图所示。

图 8-76 分别为文字填充渐变色

步骤 9▶ 利用 "文本" 工具 [字] 输入文字 "佳莎娜"，设置其字体为 "汉仪海韵体"（若没有此种字体可用其他字体代替或到相关字体网站上下载），字号为 "50pt"，填充为白色，并将文字倾斜，得到图 8-77 左图所示效果。将文字组合到画面中，得到图 8-77 右图所示效果。

图 8-77 改变文字属性

步骤 10▶ 利用 "文本" 工具 [字] 输入文字 "想看到她洁白的牙齿吗？"，字体为 "汉仪圆叠体"，字号为 "26pt"，填充白色。

步骤 11▶ 利用 "形状" 工具 [✥] 单击文字 "想" 左下角的控制点，在属性栏中将字号改为 "70pt"，按下【Enter】键确认，如图 8-78 所示。调整 "想" 字的位置，得到图 8-79 下图所示效果。

图 8-78 更改单个文字的大小　　图 8-79 移动单个文字的位置

步骤 12▶ 利用"挑选"工具 ![图标] 选中编辑好的文本，然后将其中放置于图 8-80 所示位置。

步骤 13▶ 切换到页面 2，然后将页面中的图片复制到页面 1，调整其大小，并放置于图 8-81 所示的位置。

图 8-80 调整文字的位置   图 8-81 调整图片位置

步骤 14▶ 利用"文本"工具 ![图标] 输入文字"草本"，设置其字体为"文鼎中宋"，字号为"85pt"，填充色为绿色（C：100，Y：100）。对文字进行倾斜并缩小字距，效果如图 8-82 左图所示。

步骤 15▶ 输入文字"水晶"，设置其字体为"汉仪海韵体"，字号为"70pt"，填充色为白色，轮廓线为冰蓝色（C：40），线宽为"1.0mm"，使文字倾斜，如图 8-82 中图所示。输入文字"茶花清香"，设置其字体为"宋体"，字号为"23pt"，填充色为蓝色（C：100，M：100），如图 8-82 右图所示。最后，调整各部分的位置，本例就制作完成了。

图 8-82 添加并编辑文字

本章小结

通过本章的学习，读者应熟练掌握输入、编辑文本的方法，明确美术字文本和段落文本的区别和适用范围，以及了解文本的一些特殊处理方法。

思考与练习

一、填空题

1. 在 CorelDRAW 中，文本是具有特殊属性的图形对象，它包括＿＿＿＿＿＿＿和＿＿＿＿＿＿＿两种文本类型。

2. 要沿路径输入文本，应该＿＿＿＿＿＿＿＿＿＿＿＿＿＿＿＿＿＿＿＿＿＿。

3. 要将选定文本置于某个图形内部，应该_____。

4. 要为段落文本设置首字下沉，应该_____。

二、问答题

1. 如何创建美术文本和段落文本，它们各自有什么特点，如何相互转换？

2. 如何利用"挑选"工具⬚调整段落文本的字间距和行间距？

3. 如何设置段落文本环绕图形？

三、操作题

利用本章所学知识制作图 8-83 所示的文字插画。

图 8-83　变形文字

提示：

步骤 1▶　首先输入文本，然后按【Ctrl+K】组合键将文字打散，并分别将它们转换为曲线。

步骤 2▶　根据需要移动、旋转字母，然后分别调整其形状并设置不同的填充色，添加轮廓线。

步骤 3▶　全选所有字母，并在原位置复制，将复制对象的填充与轮廓色均设置为灰色并将其置于底层，移动位置以制作阴影效果。

步骤 4▶　利用艺术笔工具组中的"喷罐"选项为文字添加礼花。

第9章　应用交互式效果

【本章导读】

CorelDRAW 为用户提供了各式各样的交互式工具，利用这些工具可以对图形进行调和、变形操作或添加轮廓图、立体化、阴影及透明等效果。

【本章内容提要】

☞ 创建交互式调和与轮廓图效果
☞ 创建交互式阴影与透明效果
☞ 创建交互式变形、封套与立体化效果
☞ 复制、克隆与清除效果

9.1　交互式调和与轮廓图效果

使用"交互式调和"工具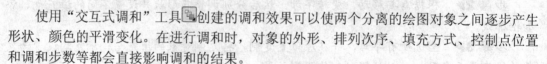创建的调和效果可以使两个分离的绘图对象之间逐步产生形状、颜色的平滑变化。在进行调和时，对象的外形、排列次序、填充方式、控制点位置和调和步数等都会直接影响调和的结果。

使用"交互式轮廓图"工具可创建轮廓图效果，利用该工具能以选定对象的中心为中点向内、向外或到对象中心逐层增加一系列的同心图形，从而产生一种放射的层次效果。

实训 1　绘制星光少女插画（上）——使用"交互式调和"工具

【实训目的】

● 掌握使用"交互式调和"工具制作调和效果的方法。

【操作步骤】

步骤 1▶ 打开本书配套素材"素材与实例"\"Ph9"文件夹中的"01.cdr"文件,该文件包含4个页面,首先定位到页面1,页面中已经制作了两个大小不等的星形,如图9-1所示。

步骤 2▶ 选择"交互式调和"工具 ，然后将光标移至大星形上,按住鼠标左键并向小星形拖动鼠标(对于没有填充的对象,则需拖动轮廓线),释放鼠标后即可得到调和效果,如图9-2所示。

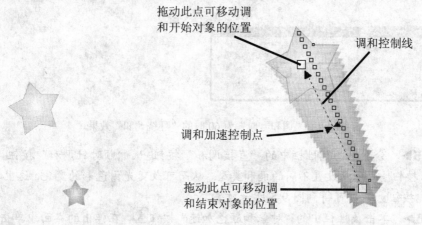

图 9-1 打开素材图片　　　　　　　图 9-2 简单调和效果

步骤 3▶ 创建调和对象后,在"交互式调和"工具 属性栏中的"步长或调和形状之间的偏移量"编辑框输入数值,按【Enter】键,可以设置调和的步数,也就是调和中间生成对象的数目,这里更改为50,如图9-3所示。

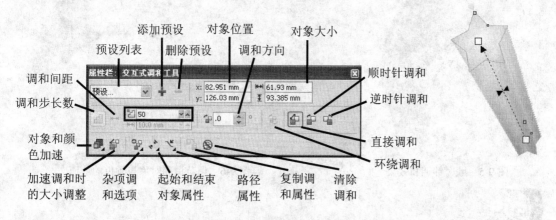

图 9-3 将调和步数更改为50步后的调和效果

步骤 4▶ 在"调和方向"编辑框中输入数值,可以设定中间生成对象在调和过程中的旋转角度。当该值不为零时,将激活"环绕调和"按钮 ，单击该按钮,则调和的中间对象除了自身旋转外,同时将以起始对象和终点对象的中间位置为旋转中心做旋转分布,形成一种弧形旋转调和效果,如图9-4所示。

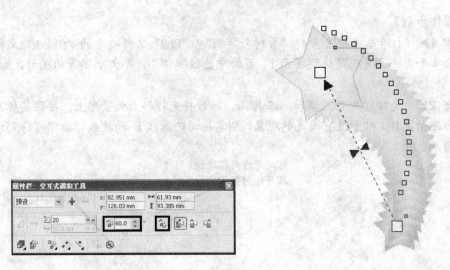

图9-4 "调和方向"为60时的"环绕调和"效果

步骤 5▶ 分别单击属性栏中的"直接调和"按钮、"顺时针调和"按钮或"逆时针调和"按钮，可以设置不同的调和类型，从而可改变光谱色彩的变化。这里单击"顺时针调和"按钮，即可得到图9-5所示效果。

步骤 6▶ 单击属性栏中的"对象和颜色加速"按钮，在弹出的界面中单击按钮，解除其链接状态，此时可分别调整调和对象与颜色的加速（分布）：拖动上面的滑块，可单独控制调和中间对象的分布；拖动下面的滑块可单独控制调和颜色的分布，如图9-6所示。

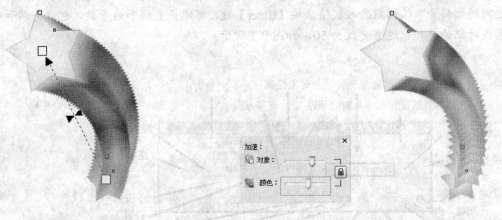

图9-5 顺时针调和效果   图9-6 调节调和对象与颜色的加速

知识库

> 单击属性栏中的"加速调和时的大小调整"按钮，可以控制调和时对象的大小加速属性。

步骤 7▶ 利用"挑选"工具选中调和对象，然后将其复制到页面2，并调整调和对象的排列顺序，如图9-7所示。

步骤 8▶　复制调和对象，然后水平镜像，如图9-8左图所示。利用"钢笔"工具 在调和对象上绘制一条开放路径，如图9-8右图所示。

图9-7　复制调和对象并调整位置

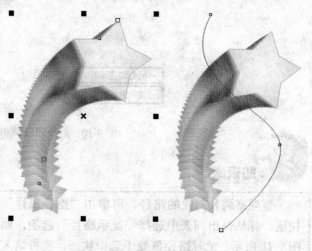

图9-8　水平翻转调整对象并绘制开放路径

步骤 9▶　利用"交互式调和"工具 单击水平翻转后的调和对象，然后单击属性栏中的"路径属性"按钮 ，从弹出的列表中选择"新路径"选项，此时光标变成向下的曲柄箭头 ，在绘制的路径上单击，即可将调和对象填入新路径，如图9-9所示。

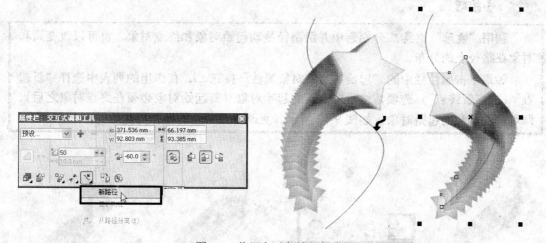

图9-9　将调和对象填入新路径

步骤 10▶　选中填入新路径后的调和对象，单击属性栏中的"杂项调和选项"按钮 ，从显示的菜单中选中"沿全路径调和"和"旋转全部对象"复选框，如图9-10左图所示，然后取消调和对象新路径的轮廓线颜色，得到图9-10右图所示效果。

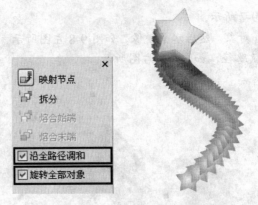

图 9-10 沿全路径调和效果

要观察调和对象的路径，可单击"路径属性"按钮，并从弹出列表中选择"显示路径"选项，如图 9-11 所示，此时路径将处于选中状态；要将填入路径后的调和对象从路径上分离出来，则先选中该调和对象，然后选择"从路径分离"选项即可。

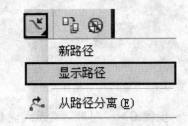

图 9-11 显示路径

利用"挑选"工具分别选中并沿路径拖动起始对象和终点对象，也可以改变调和对象在路径上的分布。

如果单击属性栏中的"起始和结束对象属性"按钮，在弹出的列表中选择"新起点"（或"新终点"）选项，然后单击新的起始对象（新起始对象必须在终点对象之后），即可改变调和的起始对象，如图 9-12 所示。更改终点对象的操作与此相同。

图 9-12 改变调和的起始/终点对象

步骤 11▶ 选中调和对象并将其放置到页面中，然后利用"挑选"工具选中图 9-13 左图所示星形并更改其填充颜色（用户选择自己喜欢的颜色即可），此时画面效果如图 9-13 右图所示。

图 9-13 调整对象位置并更改图形填充颜色

步骤 12▶ 复制步骤 11 中制作的调和对象，然后更改起点和终点图形的填充色（用户选择自己喜欢的颜色即可），效果如图 9-14 所示。

步骤 13▶ 单击属性栏中的"杂项调和选项"按钮，从显示的列表中单击"拆分"按钮，然后使用鼠标单击要分割的调和中间对象完成分割，如图 9-15 左图所示。

步骤 14▶ 用"挑选"工具分别单击调和对象的起点或终点可以以分割对象为界分别调整调合对象上下两部分的效果，如移位、改变颜色、大小等，如图 9-15 右图所示。

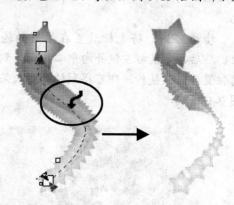

图 9-14 调整起点和终点图形的填充色 图 9-15 拆分对象

步骤 15▶ 将编辑好的调和对象放置于页面中，然后水平翻转并调整其排列顺序，此时画面效果如图 9-16 所示。

知识库

如果要清除调和效果，可在选中调和对象后，单击属性栏中的"清除调和"按钮即可。此时，可获得位于调和起点和终点位置的独立对象。

图 9-16　放置调和对象

实训 2　绘制星光少女插画（下）——使用"交互式轮廓图"工具

【实训目的】

● 掌握使用"交互式轮廓图"工具 🔲 创建轮廓图效果的方法。

【操作步骤】

步骤 1▶　本例中，我们将继续编辑实训 1 中制作的文件。选择"交互式轮廓图"工具 🔲，然后选中图 9-17 所示星形，并更改其轮廓线颜色。

步骤 2▶　将光标放置在星形的轮廓线上，然后按下鼠标左键并向中心拖动，到达满意位置后释放鼠标，即可得到轮廓图效果，如图 9-18 所示。

图 9-17　选中对象

图 9-18　制作向中心轮廓化效果

步骤 3▶　创建轮廓图效果后，在"交互式轮廓图"工具 🔲 属性栏中可以看到"到中心"按钮 🔲 处于选中状态，表示向中心应用轮廓图效果。此外，如果单击"向内"按钮 🔲 可以制作向内的轮廓图效果；单击"向外"按钮 🔲 可以制作向外的轮廓图效果，如图 9-19 所示。

图 9-19 创建向内和向外轮廓图效果

步骤 4▶ 选中轮廓图对象，分别在属性栏中的"轮廓图步长"和"轮廓图偏移"编辑框中输入数值，可以详细设置轮廓图的步长值与偏移量，如图 9-20 所示。

步骤 5▶ 选中轮廓图对象，然后在属性栏中单击"轮廓颜色"按钮 ，从显示的颜色列表中挑选一种颜色作为最后一个对象轮廓线的颜色，如图 9-21 所示。

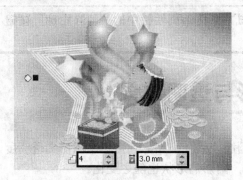

图 9-20 设置轮廓图的步长值与偏移量   图 9-21 设置轮廓图的轮廓线颜色

提示.

如果要为创建了轮廓图的对象设置填充色，可单击"交互式轮廓图"工具 属性栏中的"填充"按钮 ，从显示的颜色列表中选择一种颜色作为最后一个对象的填充颜色即可，如图 9-22 所示。

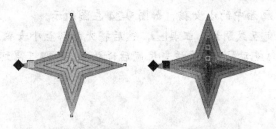

图 9-22 设置轮廓图的填充颜色

步骤 6▶ 选中页面中的另一个星形，并将轮廓线颜色更改为白色，然后创建向内轮廓图效果，再将轮廓图进行旋转，得到图 9-23 所示效果。

图 9-23 创建向内轮廓图效果

选中轮廓图对象，然后单击"交互式轮廓图"工具■属性栏中的"清除轮廓"按钮■，可清除对象的轮廓图效果。

9.2 交互式阴影与透明效果

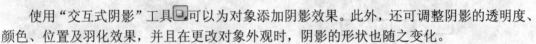

使用"交互式阴影"工具■可以为对象添加阴影效果。此外，还可调整阴影的透明度、颜色、位置及羽化效果，并且在更改对象外观时，阴影的形状也随之变化。

使用"交互式透明"工具■可以为对象制作渐变透明效果。利用其控制线和属性栏还可以调整透明的起点、结束点和中点，以及角度和边界等属性。

实训 1 绘制梦幻少女插画——使用"交互式阴影"工具

【实训目的】
● 掌握"交互式阴影"工具■的使用方法。

【操作步骤】

步骤 1▶ 打开本书配套素材"素材与实例"\"Ph9"文件夹中的"02.cdr"文件，利用"挑选"工具■选中画面中的小女孩，如图 9-24 左图所示。

步骤 2▶ 选择"交互式阴影"工具■，然后将光标移至小女孩图形上，按下鼠标左键，向阴影要投射的方向拖动鼠标，至适当位置后释放鼠标，即可得到阴影效果，如图 9-24 右图所示。

用户也可为位图对象添加阴影。另外，应用调和、立体化效果的对象不能产生阴影。

图9-24　添加阴影

步骤 3▶　为图形添加阴影后，通过拖动阴影控制线末端的黑色手柄，可以改变阴影和对象之间的距离、位置或阴影的长度与角度，如图9-25所示。

步骤 4▶　通过拖动阴影控制线上的矩形滑块，可以调节阴影的透光度（浓淡）。越靠近黑色手柄，阴影越浓；越靠近白色手柄，阴影越淡，如图9-26所示。

图9-25　调整阴影与对象间的距离　　　　　图9-26　调节阴影的透光度（浓淡）

步骤 5▶　为对象添加阴影后，利用"交互式阴影"工具 的属性栏还可以对阴影进行更多的设置，如图9-27所示。

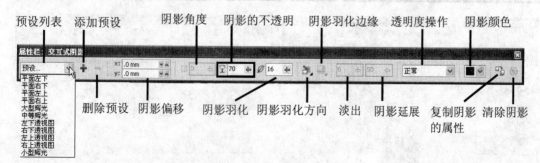

图9-27　"交互式阴影"工具属性栏

步骤 6▶ 单击"阴影颜色"按钮■，可在显示的颜色列表中为阴影选择合适的颜色，效果如图 9-28 所示。

步骤 7▶ 单击"预设列表"右侧的✓按钮，可以从显示的下拉列表中选择"中等辉光"效果，效果如图 9-29 所示。

步骤 8▶ 单击"阴影的不透明"编辑框右侧的按钮，然后拖动滑块，可以调整阴影的透明程度。

步骤 9▶ 单击"阴影羽化"编辑框右侧的按钮，然后拖动滑块，可以调整阴影边缘的虚化程度，如图 9-30 所示。

图 9-28　更改阴影颜色　　　图 9-29　选择"中等辉光"预设效果　　图 9-30　设置阴影的羽化效果

 **知识库**

单击"阴影羽化方向"按钮，在弹出的下拉列表中包含了 4 种羽化方向，如图 9-31 左图所示。当选择羽化方向为"向内"、"中间"或"向外"时，将激活属性栏中的"阴影羽化边缘"按钮，单击按钮，可在弹出的列表中选择不同的羽化阴影边缘的类型，如图 9-31 右图所示；不同的羽化阴影边缘效果如图 9-32 所示。

图 9-31　设置羽化方向和羽化阴影边缘的类型

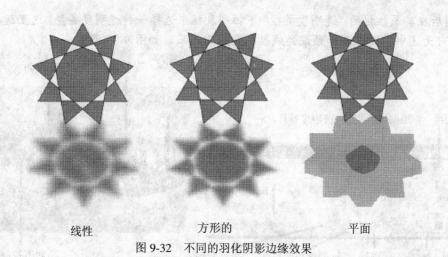

| 线性 | 方形的 | 平面 |

图 9-32　不同的羽化阴影边缘效果

如果要清除对象的阴影效果,只需单击"交互式阴影"工具 属性栏中的"清除阴影"按钮 即可。另外,利用"挑选工具" 选中对象和阴影,然后选择"排列">"打散阴影群组"菜单,可拆分对象和阴影,如图 9-33 所示。

图 9-33　拆分对象和阴影

实训 2　绘制小说插图——使用"交互式透明"工具

【实训目的】

● 掌握"交互式透明"工具 的使用方法。

【操作步骤】

步骤 1▶ 打开本书配套素材"素材与实例"\"Ph9"文件夹中的"03.cdr"文件,选中画面中的人物图像,如图 9-34 所示。下面我们要使用"交互式透明"工具 制作一个人物照片与背景的透明混合效果。

步骤 2▶ 选择"交互式透明"工

图 9-34　打开素材文件并选中人物图像

具，然后在其属性栏的"透明度类型"下拉列表框中选择一种透明度类型，这里选择"线性"，即可为选中的图像添加预设的线性渐变透明效果，如图 9-35 所示。

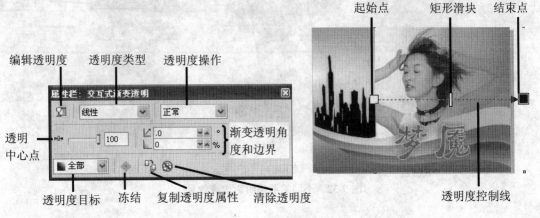

图 9-35　建立线性渐变透明度

步骤 3▶　要使人物左边的图像产生透明效果，单击属性栏中的"编辑透明度"按钮，在打开的"渐变透明度"对话框中将"从"设置为黑色，"到"设置为白色，单击"确定"按钮，得到图 9-36 右图所示效果。

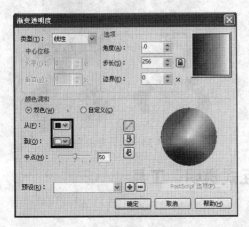

图 9-36　更改渐变透明起始和结束点的颜色

知识库

　　在透明度控制线中的黑色手柄代表完全透明，白色手柄代表不透明，用户可在"渐变透明度"对话框中的"从"和"到"颜色列表中选择其他颜色，颜色越浅，对象的相应部分越不透明。此外，通过拖动起始点和结束点手柄，可以调整渐变透明的位置和方向；拖动透明度控制线上的矩形滑块，可以调整透明过渡。

步骤 4▶　如没有达到理想效果，可以在属性栏中的"透明度操作"下拉列表中选择一种合并模式（透明度颜色与底色的结合方式），本例选择"减少"模式（即将透明度值与底色值相加，再减去 255），如图 9-37 所示。调整好后，按一下空格键，即可完成交互式透明效果的设置。此时，人物图像就与背景自然的融合。

图 9-37　设置"透明度操作"模式

知识库

> 要清除透明效果，首先选中要清除透明度的对象，然后选择"交互式透明"工具 ，再从其属性栏中的"透明度类型"下拉列表框中选择"无"选项，或单击"清除透明度"按钮 。

9.3　交互式变形、封套与立体化效果

使用"交互式变形"工具 可以应用三种类型的变形效果来为对象造形；使用"交互式封套"工具 可以通过移动封套的节点来为封套造形，从而改变对象形状；利用"交互式立体化"工具 可以为对象制作 3D 立体效果。

实训 1　绘制戴花少女插画——使用"交互式变形"工具

【实训目的】

● 掌握"交互式变形"工具 的使用方法。

【操作步骤】

步骤 1▶　打开本书配套素材"素材与实例"\ "Ph9"文件夹中的"04.cdr"文件，利用"挑选"工具 选中页面 1 中的黄色圆形（这里已将圆形转换为曲线对象，并添加了多个节点），如图 9-38 左图所示。

步骤 2▶　下面制作头花。选择"交互式变形"工具 ，在其属性栏中提供了"推拉变形" 、"拉链变形" 和"扭曲变形" 3 种变形方式，这里单击"推拉变形"按钮 ，然后将光标放置在圆形的中心，按下鼠标左键并向左拖动（像对象内部扩展变形对象），至合适位置，释放鼠标后即可变形对象，其效果如图 9-38 右图所示。

知识库.

在"交互式变形"工具 属性栏中的"推拉失真振幅"编辑框中输入数值，可以精确控制推拉变形的幅度，取值范围为 −200~200，输入正值（推），可向对象外部扩展；输入负值（拉），可向对象内部收缩。

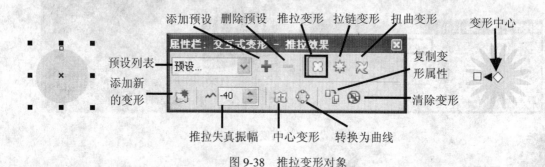

图 9-38 推拉变形对象

小技巧.

如果从对象的中心向右拖动鼠标，可以向对象外部扩展变形对象，其效果如图 9-39 所示。另外，鼠标拖动距离的长短，也可以控制推拉失真振幅。

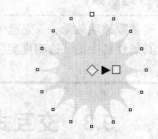

图 9-39 向右拖动鼠标后的变形效果

步骤 3▶ 将步骤 2 变形后的对象原位置复制一份，然后按住【Shift】键的同时，将其成比例缩小并设置填充颜色为红色，再利用"交互式调和"工具 在黄色与红色图形间创建调和效果，其中在"交互式调和"工具属性栏中将"步长或调和形状之间的偏移量"设置为 20，如图 9-40 所示。

步骤 4▶ 下面制作叶子。选中页面中的绿色渐变图形，选择"交互式变形"工具 ，在其工具属性栏中单击"拉链变形" 按钮，然后分别设置"拉链失真振幅"为 50，"拉链失真频率"为 30，如图 9-41 所示。此时，对象的边缘产生许多锯齿，如图 9-42 所示。

图 9-40 复制图形创建调和效果

图 9-41 设置拉链变形参数

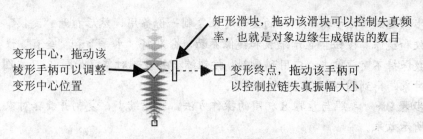

矩形滑块,拖动该滑块可以控制失真频率,也就是对象边缘生成锯齿的数目

变形中心,拖动该棱形手柄可以调整变形中心位置

变形终点,拖动该手柄可以控制拉链失真振幅大小

图 9-42 拉链变形对象效果

步骤 5▶ 向上拖动棱形块,改变变形中心位置,此时对象边缘的锯齿都向上,得到一片叶子,如图 9-43 所示。

步骤 6▶ 下面制作鲜花。选中页面中的渐变色圆形,选择"交互式变形"工具 ,在其工具属性栏中单击"拉链变形"按钮 ,然后分别设置"拉链失真振幅"为 17,"拉链失真频率"为 4,如图 9-44 所示。

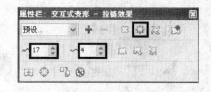

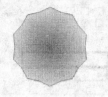

图 9-43 改变变形中心位置

图 9-44 拉链变形对象

步骤 7▶ 单击属性栏中的"平滑变形"按钮 ,可将锯齿的尖角变成圆弧,其效果如图 9-45 所示。将此图形复制一份备用。

·知识库·

执行拉链变形后,在属性栏中单击"随机变形"按钮 可以随机地变化锯齿的深度,变化的幅度在 1 到设置的失真幅度值之间随机调整;单击"局部变形"按钮 ,再将变形中心 ◇ 拖到需要有较大变形的部分,则距离变形中心 ◇ 越近的对象轮廓,锯齿变化越明显,如图 9-46 所示。

随机变形 局部变形

平滑变形

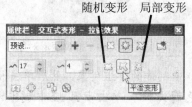

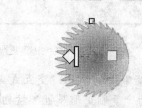

图 9-45 平滑拉链变形对象

图 9-46 局部变形对象

步骤 8▶ 将步骤 7 制作的变形对象复制一份备用，然后打开"变换"泊坞窗，单击"缩放和镜像"按钮显示缩放和镜像界面，分别将"水平"和"垂直"设置为 90%，其他参数保持不变，单击"应用到再制"按钮缩小并复制对象，如图 9-47 左图所示。旋转复制的对象，得到图 9-47 右图所示效果。

步骤 9▶ 参照与步骤 8 相同的操作方法，继续缩小、复制并旋转对象，得到图 9-48 左图所示效果。

步骤 10▶ 利用"挑选"工具选中图 9-48 左图所示的所有图形，将它们的轮廓线颜色设置为淡粉色（M：15），然后按【Ctrl+G】组合键群组，如图 9-48 右图所示。

图 9-47　缩小并复制、旋转对象　　　　　图 9-48　改变轮廓线颜色并群组对象

步骤 11▶ 选中步骤 7 中备用的图形，选择"交互式变形"工具，在其工具属性栏中设置"拉链失真振幅"为 30，"拉链失真频率"为 5，如图 9-49 所示。

步骤 12▶ 单击"交互式变形"工具属性栏中的"推拉变形"按钮，然后将光标放置在对象的中心，按下鼠标左键并稍向右拖动鼠标，推拉变形对象，其效果如图 9-50 所示。

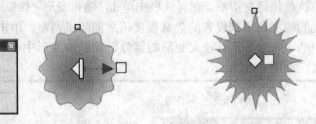

图 9-49　拉链变形对象　　　　　　　　图 9-50　推拉变形对象

步骤 13▶ 利用"交互式变形"工具单击步骤 10 中制作的群组对象，然后单击属性栏中的"复制变形属性"按钮，此时光标转变成黑色箭头➡，单击步骤 12 中制作的推拉变形对象，释放鼠标后，得到图 9-51 右图所示效果。

图 9-51　复制变形属性

步骤 14▶　将制作好的头花、绿叶和鲜花都复制到页面 2，将头花放置在图 9-52 左图所示位置。

步骤 15▶　选择"交互式变形"工具，然后单击其属性栏中的"扭曲变形"按钮，将光标放置在头花图形上，如图 9-52 中图所示，按下鼠标左键并沿顺时针拖动鼠标，对头花图形进行扭曲变形操作，如图 9-52 右图所示。

图 9-52　调整头花的位置并进行扭曲变形

步骤 16▶　将绿叶复制两份，然后分别对它们进行扭曲、旋转、缩放和镜像操作，然后将所有绿叶参照图 9-53 右图所示效果放置。

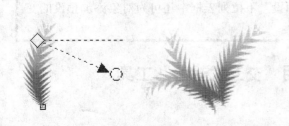

图 9-53　复制绿叶并进行扭曲变形

知识库

　　执行扭曲变形后，单击属性栏中的"顺时针旋转"和"逆时针旋转"按钮，可以切换旋转方向。在"完全旋转"编辑框中输入数值，可以控制完全旋转的圈数，范围在 0～9，如图 9-54 所示。

231

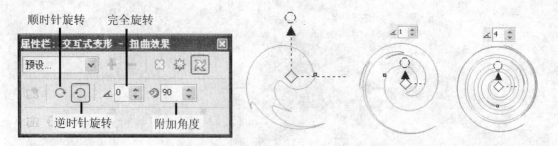

图 9-54　设置完全旋转圈数

步骤 17▶ 将 3 片绿叶群组，然后放置在图 9-55 所示位置，并将它们移至手图形的下方。

步骤 18▶ 将鲜花复制两份，更改轮廓线颜色，适当调整大小，并参照图 9-56 左图所示效果放置，然后分别对三朵鲜花进行推拉变形，效果如图 9-56 右图所示。

图 9-55　调整绿叶的位置　　　　　　　　　图 9-56　复制鲜花并进行推拉变形

·知识库·

在"交互式变形"工具⬡属性栏的"预设"下拉列表框中还可为对象添加预设的变形效果。

实训 2　制作变形美术字——使用"交互式封套"工具

【实训目的】
● 掌握"交互式封套"工具⬚的使用方法。

【操作步骤】

步骤 1▶ 打开本书配套素材"素材与实例"\ "Ph9"文件夹中的"05.cdr"文件，利用"挑选"工具⬚选中页面中的文本对象，选择"交互式封套"工具⬚，则文本对象四周将自动显示一个矩形封套，如图 9-57 所示。

提示

　　同编辑曲线上的节点一样，可以使用属性栏和鼠标对封套上的节点进行移动、添加、删除，以及更改节点的平滑属性等操作，如图 9-58 所示。

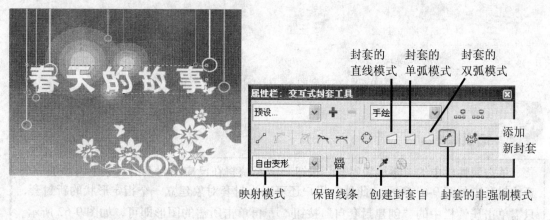

图 9-57　系统显示的初始封套　　　　　　　　图 9-58　"封套"工具属性栏

步骤 2▶　　拖动封套的边线或封套上各节点，改变对象的外观，如图 9-59 所示。

图 9-59　调整封套边线和节点来改变对象外观

知识库

　　使用属性栏还可以选择编辑封套的工作模式，包括"封套的直线模式"□、"封套的单弧模式"□、"封套的双弧模式"□和"封套的非强制模式"☑ 4 种模式。也就是说，选择不同工作模式后，拖动封套节点将获得不同的效果，如图 9-60 所示。

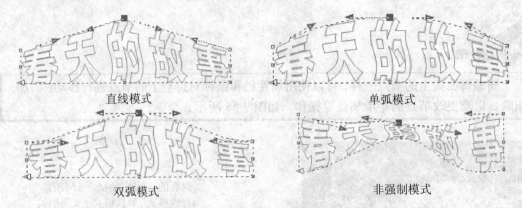

直线模式   单弧模式

双弧模式   非强制模式

图 9-60   在封套的不同模式下移动封套节点

知识库

单击属性栏中的"添加新封套"按钮，系统将在已应用封套的对象上再添加一个新的封套，如图 9-61 所示。此外，用户还可以为封套对象建立一个指定形状的新封套，只需单击属性栏中的"创建封套自"按钮，再单击所需的图形即可，如图 9-62 所示。

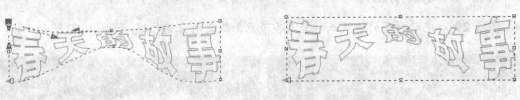

图 9-61   应用"添加新封套"按钮

单击所需图形   对象应用于新形状封套   移动新封套中的节点

图 9-62   为封套对象建立指定形状的封套

实训 3   设计咖啡广告——使用"交互式立体化"工具

【实训目的】

● 掌握"交互式立体化"工具的使用方法。

【操作步骤】

步骤 1▶   打开本书配套素材"素材与实例"\"Ph9"文件夹中的"06.cdr"文件，利用"交互式立体化"工具，单击选中页面中的文本对象，再向要创建立体化效果的方向拖动鼠标，文本上将出现立体化效果控制线，释放鼠标，即得到立体汉字，如图 9-63 所示。

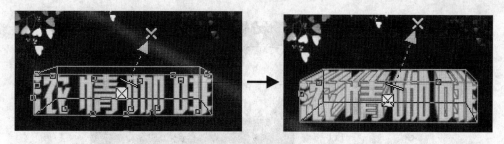

图 9-63　创建立体汉字

步骤 2▶　单击属性栏中的"立体化类型"按钮 ⬚，从弹出的设置区中选择所需的立体化类型，如图 9-64 所示。

对象位置　　立体化类型 深度　　灭点坐标　　　灭点属性　　　VP 对象/VP 页面

属性栏: 交互式立体化

预设...　　➕➖　　x: -75.775 mm　　⬚ ⬛ 20　　🔲 29.033 mm　　锁到对象上的灭点　　▾

y: 192.228 mm　　　　　　　.371 mm

立体的方向　颜色　斜角修饰边　照明

图 9-64　选择立体化类型

步骤 3▶　拖动立体化控制线上的矩形滑块或在属性栏的"深度"编辑框中设置数值，可改变立体深度；拖动✕形透视手柄或在"灭点坐标"编辑框中设置坐标值，可改变立体化的灭点，如图 9-65 所示。

调整灭点位置

改变立体深度

图 9-65　调整立体化对象的深度和灭点位置

步骤 4▶　单击属性栏中的"立体的方向"按钮 ⬚，在打开的面板中单击并拖动，可快速调整对象的立体效果，如图 9-66 所示。

图 9-66　利用"立体的方向"面板快速调整立体效果

步骤 5▶　单击属性栏中的"颜色"按钮，在打开的面板中可为对象的立体部分设置填充颜色，这里选择"使用递减的颜色"，然后分别在"从"和"到"颜色列表中选择所需的颜色，改变文本立体部分的颜色，如图 9-67 所示。

图 9-67　设置对象立体部分的填充颜色

步骤 6▶　单击属性栏中的"照明"按钮，在打开的面板中单击"光源 1"按钮、"光源 2"按钮和"光源 3"按钮，增加 3 个光源（最多 3 个），并分别调整光源的位置和强度，从而使立体对象产生光照效果，如图 9-68 所示。

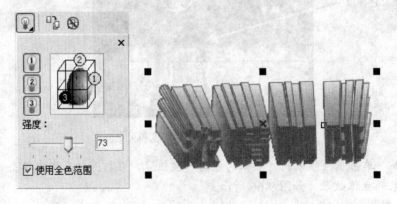

图 9-68　为立体化效果添加光源

提示

若要关闭光源，可再次单击相应的光源按钮即可。

步骤7▶ 利用"交互式立体化"工具选中立体化对象，然后再次单击一下该对象，将在其周围显示一个绿色的调整环，当光标位于调整环外部时呈形状，单击并拖动鼠标可以以当前视图平面的垂直轴旋转对象（旋转中心为对象中心），如图 9-69 左图所示。

步骤8▶ 当光标位于调整环内部时呈形状，单击并拖动鼠标可以在三维空间的各个方向上旋转对象（旋转中心为对象中心），如图 9-69 右图所示。

图 9-69　利用调整环调整立体化效果

9.4　复制、克隆与清除效果

当用户为对象添加了特殊效果后，还可以根据需要将满意的特殊效果利用"复制效果"和"克隆效果"功能快速应用到其他对象上，而对不满意的效果则可以进行清除。

实训 1　设计化妆品广告

【实训目的】

● 掌握复制、克隆与清除效果的方法。

【操作步骤】

步骤1▶ 打开本书配套素材"素材与实例"\\"Ph9"文件夹中的"07.cdr"文件，如图 9-70 所示。

图 9-70　打开素材文件

　　步骤 2▶　用"挑选"工具 单击中间蓝色泡泡的调和部分，然后选择"效果"＞"复制效果"＞"调和自"菜单。此时，光标显示为黑色箭头，将光标移至左边粉色泡泡的调和部分单击，即可将调和效果复制到蓝色泡泡上，如图 9-71 所示。

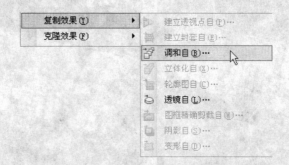

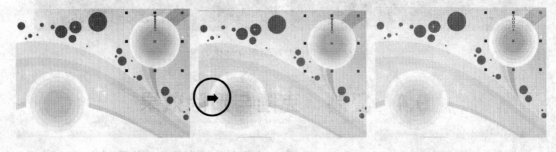

图 9-71　复制调和效果

知识库

　　利用"复制效果"功能可以复制封套、调和、立体化、轮廓图、透镜、图框精确剪裁、阴影、变形等效果，且对象的副本与原对象之间没有链接关系，用户可以自由地对每一个对象或效果的副本进行编辑。

　　步骤 3▶　用"挑选"工具 单击右边紫色泡泡的调和部分，然后选择"效果"＞"克隆效果"＞"调和自"菜单。此时，光标显示为黑色箭头，将光标移至左边粉色泡泡的调和部分单击，即可将调和效果克隆到紫色泡泡上，如图 9-72 所示。

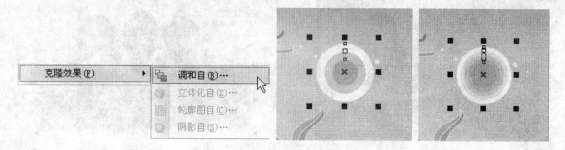

图 9-72 克隆调和效果

使用"克隆效果"命令生成的对象副本与对象之间存在着动态链接关系，当修改原对象的特殊效果时，副本会随之发生变化。

在复制与克隆效果时，只改变相应的效果，而对于对象的颜色和大小等属性不做调整。

步骤 4▶ 如果不满意为对象添加的特殊效果，可以选择"效果"菜单下的"清除+效果名称"命令，将选定对象的效果清除。该命令的名称会根据为对象所做的效果而发生变化。例如，要清除对象的立体化效果，可使用"挑选"工具选中对象，然后选择"效果" > "清除立体化"菜单即可。

对于使用交互式效果工具组添加的效果，在选择对象后，均可以通过单击对应属性栏中的"清除效果" 按钮来清除效果。

综合实训——设计电影海报

电影海报是电影宣传最常用的一种表现形式，主要悬挂、张贴在人流相对密集的公共场合。下面我们将使用 CorelDRAW 制作图 9-73 所示的电影海报。

本例中的人物为外部导入的位图，电影名称"海畔"应用了封套变形和交互式立体化效果；"岁末巨献"和"不容错过"应用了交互式轮廓图效果；文字"元月 1 日全国隆重上映"可使用封套变形制作；画面中的花朵可通过交互式变形星形来制作。

步骤 1▶ 打开本书配套素材"素材与实例" \ "Ph9"文件夹中的"08.cdr"文件，利用"挑选"工具选中页面中的品红色矩形，如图 9-74 所示。

图 9-73　制作电影海报

图 9-74　选中矩形

步骤 2▶　　选择"排列">"转换为曲线"菜单，将矩形转换为曲线，如图 9-75 左图所示。利用"形状"工具框选整个矩形，然后单击鼠标右键，在弹出的快捷菜单中选择"到曲线"命令，在图 9-75 中图所示的位置添加一个节点，然后向下拖动此节点右边的边线，将此边调整为波浪形，如图 9-75 右图所示。

图 9-75　调整矩形外形

步骤 3▶　　将步骤 2 制作的曲线图形原位置复制，并设置填充色为白色，按【Ctrl+PgDn】组合键进行顺序调整，并将白色图形稍微上移，效果如图 9-76 所示。

步骤 4▶　　利用"文本"工具输入文字"海畔"，字体为"汉仪秀英体"，字号为"160pt"，填充色为白色，轮廓线颜色为洋红，线宽为"1.5mm"，如图 9-77 所示。

图 9-76　复制图形并调整前后顺序

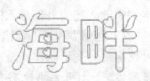

图 9-77　输入文字

步骤5▶　选中输入的文本，按【Ctrl+F7】组合键打开"封套"泊坞窗，单击"添加预设"按钮，此时"封套"泊坞窗显示预设的封套列表，在其中单击选择图 9-78 左图所示封套样式，单击"应用"按钮并适当调整封套外形，得到图 9-78 右图所示效果。

图 9-78　应用预设封套

步骤6▶　利用"交互式立体化"工具 对文字进行立体化设置，如图 9-79 左图所示。将文字组合到画面中，放置于图 9-79 右图所示位置。

图 9-79　对文字添加立体化效果

步骤7▶　继续利用"文本"工具 输入文字"岁末巨献"，设置其字体为"长城特圆体"，字号为"48pt"，填充色为黄色（Y：100），如图 9-80 左图所示。

步骤8▶　利用"交互式轮廓图"工具 对文字进行轮廓化设置，在属性栏中单击"向外"按钮 ，设置"轮廓图步长"为 3，填充色为"红色"，效果如图 9-80 右图所示。

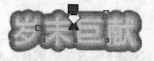

图 9-80　输入编辑文字并制作轮廓图效果

步骤 9▶ 利用"文本"工具字输入文字"不容错过"，然后选择"效果">"复制效果">"轮廓图自"菜单，光标变为黑色箭头，单击"岁末巨献"，将其轮廓图效果复制给"不容错过"，如图 9-81 所示。

图 9-81 输入文字并复制轮廓图效果

步骤 10▶ 将两组文字移至画面中合适位置，效果如图 9-82 所示。

步骤 11▶ 利用"复杂星形"工具⚙绘制图 9-83 左图所示星形，然后利用"交互式变形"工具对星形进行变形，效果如图 9-83 右图所示。

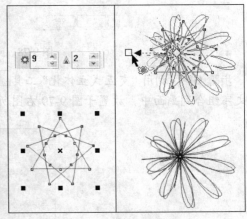

图 9-82 文字在画面中的位置　　　　　　　　图 9-83 绘制星形并变形

步骤 12▶ 将该形状填充为白色并取消轮廓线，放置在画面合适位置，如图 9-84 所示。多次按【Ctrl+D】组合键再制一些图形，并分别调整大小，选择任意几个图形，填充黄色（Y：100），效果如图 9-85 所示。

图 9-84 为图形填充颜色　　　　　　　　图 9-85 复制图形

步骤 13▶ 利用"文本"工具字输入文字"元月 1 日全国隆重上映"，设置其字体为"汉仪菱心体"，并利用"交互式封套"工具为其添加封套变形效果，如图 9-86 左下图所示。将文字组合到画面中，设置填充颜色为白色并调整其大小，得到图 9-86 右图所示效果。

图 9-86　添加文字

步骤 14▶　保持变形文字的选中状态，选择"交互式阴影"工具 ▣，然后在属性栏中设置"透明度操作"为"正常"，阴影颜色为"黑色"，为文字添加淡淡的阴影效果，如图 9-87 所示。

步骤 15▶　利用"文本"工具 字 输入文字"时间：元月 1 日--元月 10 日地点：全国各大剧院"，设置其字体为"长城特圆体"，字号为"24pt"，颜色为黑色，如图 9-88 所示。

图 9-87　为文字添加阴影

图 9-88　输入文字

步骤 16▶　将文字放置于画面的左下角处，如图 9-89 所示。至此，本例就制作完成了，按【Ctrl+S】组合键保存即可。

图 9-89　制作完成的电影海报

本章小结

本章主要介绍了交互式效果的应用。在实际工作中，交互式工具组都是很常用的。通过本章的学习，读者应掌握各种交互效果的特点和用法，如：为图形添加立体、变形、阴影、透明等效果。

思考与练习

一、填空题

1. "交互式变形"工具 属性栏中提供了_____、_____和_____三种变形方式。

2. 使用_____工具可以为对象快速制作阴影。

3. 使用_____工具可以为对象快速制作 3D 立体效果。

4. 制作轮廓图效果时，若要调整轮廓图的步长和偏移，可以_____。

5. 为对象添加各种交互式效果后，单击相应交互工具属性栏中的_____按钮，可以清除效果。

二、问答题

1. 如何将调和对象沿路径放置？

2. 要打散调和效果，应如何操作？

3. 创建透明效果后，如果未达到预期的透明效果，还可以如何操作使对象与背景更好的融合？

4. 创建阴影效果后，如何将阴影与对象分离？

5. 创建立体化效果后，如何更改对象立体部分的填充颜色？

6. "复制效果"与"克隆效果"命令有什么区别？如何复制与克隆效果呢？

三、操作题

参照本章所学知识，制作图 9-90 所示的抽象画。

图 9-90　绘制抽象画

提示:

步骤 1▶ 利用"钢笔"工具 绘制底图图形,并用"交互式填充"工具 填充颜色,然后使用"交互式透明"工具 制作半透明效果。

步骤 2▶ 利用"钢笔"工具 绘制相交的两条线条,利用"交互式调和"工具 进行调和,可制作不规则的网格效果。

步骤 3▶ 利用"复杂星形"工具 绘制三个复杂星形,然后用"交互式变形"工具 对其变形并利用"交互式调和"工具 制作两个同心圆图案。

第10章 应用特殊效果

【本章导读】

用户除了可以使用交互式工具组制作交互式效果外，还可以使用"效果"菜单中的相关命令来制作特殊效果。本章将主要介绍透镜、透视、图框精确剪裁、斜角效果的制作和调整图形色调的方法。

【本章内容提要】

- 创建透镜、透视与斜角效果
- 图框精确剪裁对象
- 调整图形颜色与色调

10.1 创建透镜与透视效果

使用"透镜"泊坞窗可以制作许多特殊效果，例如局部放大、局部加亮、局部变色、局部反显、局部鱼眼、局部透明等。

使用"添加透视点"命令，可以通过给图形添加透视点，制作三维视觉透视效果。

实训1 设计球赛海报——使用"透镜"泊坞窗

【实训目的】

- 掌握"透镜"泊坞窗的使用方法。

【操作步骤】

步骤 1 打开本书配套素材"素材与实例"\ "Ph10"文件中的"01.cdr"，将页面1

设置为当前窗口，如图 10-1 所示。下面，我们将利用"透镜"泊坞窗来制作足球。

步骤 2▶ 按住【Ctrl】键的同时，利用"椭圆形"工具 ⊙ 绘制一个正圆，并放置于群组六边形的上方作为透镜，如图 10-2 所示。

图 10-1 打开素材文件

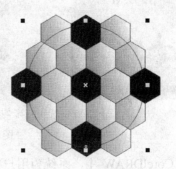

图 10-2 绘制正圆

步骤 3▶ 选中圆形，选择"效果">"透镜"菜单，打开"透镜"泊坞窗。在透镜类型下拉列表框中选择"鱼眼"，并勾选"冻结"复选框，如图 10-3 所示。

步骤 4▶ 参数设置好后，单击"应用"按钮，就会创建一个足球图形。调整足球图形的大小，并移开原来的群组六边形，此时画面效果如图 10-4 所示。

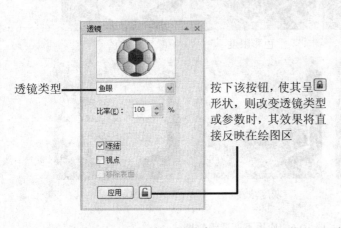

透镜类型 —————

按下该按钮，使其呈 🔒 形状，则改变透镜类型或参数时，其效果将直接反映在绘图区

图 10-3 "透镜"泊坞窗

图 10-4 应用"鱼眼"透镜效果

● **"冻结"复选框：**禁用该复选框时，移动对象时得到的透镜效果会随透镜下面的内容不同而变化；如选中该复选框，则将捕获透镜中的当前内容，产生的效果不会因透镜或对象的移动而发生变化，如图 10-5 所示。

● **"视点"复选框：**启用该复选框，并单击"编辑"按钮 编辑 ，显示视点 ×，即可在不移动透镜的情况下，通过移动视点显示透镜下图像的特定部分，显示的中心即为视点。

● **"移除表面"复选框：** 启用该复选框可仅在透镜覆盖其他对象的区域显示透镜效果（该复选框对于"鱼眼"透镜和"放大"透镜不可用）。

未勾选"冻结"复选框效果　　　勾选"冻结"复选框效果

图 10-5　冻结效果对比

在 CorelDRAW 中，系统为用户提供了多种透镜类型，选择不同的透镜类型可以得到不同的透镜效果。图 10-6 分别显示了应用几种不同的透镜效果。

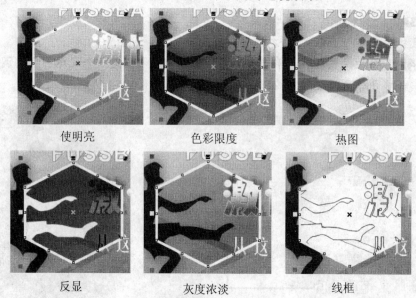

使明亮　　　　　　　色彩限度　　　　　　　热图

反显　　　　　　　灰度浓淡　　　　　　　线框

图 10-6　应用不同透镜效果

 提　示

　　经过调和、立体化、轮廓图等效果处理的矢量对象，不能添加透镜效果。
　　如果希望清除图像中使用的任一透镜效果，可选择透镜类型下拉列表框中的"无透镜效果"选项。
　　每次修改透镜参数后，都必须单击"透镜"泊坞窗中的"应用"按钮，才能使设置生效。

实训 2　设计电影海报——使用"添加透视点"命令

【实训目的】

● 掌握"添加透视点"命令的用法。

【操作步骤】

步骤 1▶ 打开本书配套素材"素材与实例"\ "Ph10"文件夹中的"02.cdr"文件，如图 10-7 所示。下面，我们要为页面中的文字"漂亮 妈妈"添加透视效果。

步骤 2▶ 选中文字"漂亮"，选择"效果" > "添加透视"菜单，此时对象四周出现一个虚线外框和四个控制点，如图 10-8 所示。

图 10-7　打开素材文件

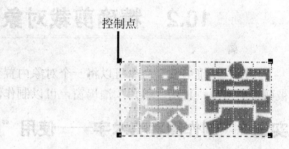

图 10-8　选择"添加透视"命令

步骤 3▶ 使用鼠标拖动控制点，可以调整透视效果。在透视图中，对象两条边的延长线在有限远处交汇，这个交汇点叫做透视点，也叫灭点。用户也可通过拖动透视点来调整透视效果，如图 10-9 所示。

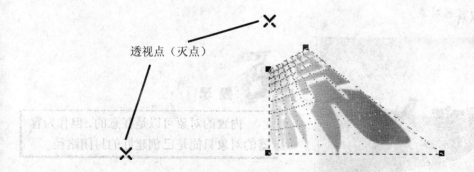

图 10-9　拖动控制点或透视点调整透视效果

步骤 4▶ 继续拖动控制点或透视点，直到出现满意的透视效果，按空格键结束透视效果设置。按照相同的方法对"妈妈"二字应用透视效果，效果如图 10-10 所示。

　　如要修改透视效果，可双击对象或使用"形状"工具 选中对象，即可进入透视编辑模式。

图 10-10　对文本添加透视效果

10.2　精确剪裁对象与制作斜角效果

　　使用"精确剪裁"命令可以将一个对象内置于另一个容器对象中，被内置的对象即为被剪裁的对象；使用"斜角"泊坞窗，可以制作浮雕和柔和边缘效果。

实训 1　制作图案美术字——使用"精确剪裁"命令

【实训目的】

● 掌握"精确剪裁"命令的用法。

【操作步骤】

步骤 **1▶**　打开本书配套素材"素材与实例"\"Ph10"文件夹中的"03.cdr"文件，如图 10-11 所示。下面，我们将使用背景图片制作图案文字，其中，图片作为内置对象，文本对象作为容器对象。

　　内置的对象可以是任意的，但作为容器的对象只能是已创建好的封闭路径。

图 10-11　打开素材文件

步骤 **2▶**　选中背景图片，选择"效果">"图框精确剪裁">"放置在容器中"菜单，此时光标将变成黑色的水平箭头，单击作为容器对象的文本，即可用其精确剪裁对象，如图 10-12 所示。

图 10-12　内置对象

提示

内置对象的中心和容器对象的中心是重合的。当内置对象比容器对象大时，内置对象将被裁剪，以适应容器对象。

步骤 3▶　选中精确剪裁对象，选择"效果" > "图框精确剪裁" > "编辑内容"菜单，此时内置对象完整地显示出来，并可以对其进行相应编辑操作，如图 10-13 所示。

步骤 4▶　对内置对象进行修改后，选择"效果" > "图框精确剪裁" > "结束编辑"菜单，即可结束内置对象的编辑状态，如图 10-14 所示。

提示

内置对象编辑模式下，容器将以灰色线框模式显示并且不能被选择与编辑。

图 10-13　进入内置对象编辑模式

图 10-14　退出内置对象编辑模式

知识库

> 如选中精确剪裁对象后，选择"效果">"图框精确剪裁">"提取内容"菜单，可使内置对象和容器再次分离成为独立对象。
>
> 默认状态下，当移动容器对象时，内置对象也会随之移动。如果右击精确剪裁对象，从弹出的快捷菜单中选择"锁定图框精确裁剪的内容"选项，即取消其前面图标的按下状态。此时再移动容器对象，其内置对象将不会随之改变。

实训 2　设计圣诞贺卡——使用"斜角"泊坞窗

【实训目的】

● 掌握"斜角"泊坞窗的用法。

【操作步骤】

步骤 1▶　打开本书配套素材"素材与实例"\"Ph10"文件夹中的"04.cdr"文件，如图 10-15 所示。用"挑选"工具选中窗框。

步骤 2▶　选择"窗口">"泊坞窗">"斜角"菜单，打开"斜角"泊坞窗，在"样式"下拉列表中选择"柔和边缘"，然后设置"阴影颜色"为深蓝色、"光源颜色"为白色，其他参数保持默认不变，单击"应用"按钮，即可制作柔和边缘效果，如图 10-16 所示。

图 10-15　打开素材文件　　　　图 10-16　设置"柔和边缘"参数及效果

步骤 3▶　用"挑选"工具选中文字，在"样式"下拉列表中选择"浮雕"，然后设置"距离"为"3.0mm"、"阴影颜色"为深红色、"光源颜色"为蓝色，其他参数保持默认不变，单击"应用"按钮，即可制作浮雕效果，如图 10-17 所示。

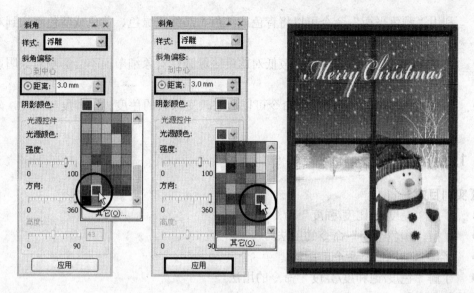

图 10-17　设置"浮雕"参数及效果

> 图形内部必须填充颜色后，"斜角"泊坞窗才可使用。"柔和边缘"样式效果为中间凸起，而"浮雕"样式可在图形后面叠加阴影效果。

10.3　调整图形的颜色与色调

在 CorelDRAW 中，"效果" > "调整"菜单中提供了一组用于调整位图和矢量图色调的命令。其中，如果调整的是位图图像，该菜单中的所有命令都可以使用；如果调整的是矢量图形，只有图 10-18 框选的四个命令可以使用。

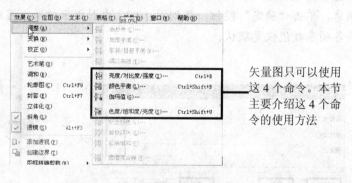

矢量图只可以使用这 4 个命令。本节主要介绍这 4 个命令的使用方法

图 10-18　色调调整命令

● 利用"亮度/对比度/强度"命令可以调整位图或图形对象的亮度、对比度和强度。

- 利用"颜色平衡"命令可以将青色或红色、品红或绿色、黄色或蓝色添加到对象选定的色调中。
- 利用"伽玛值"命令可以在较低对比度区域强化对象细节而不会影响对象阴影或高光。
- 利用"色度/饱和度/亮度"命令可以通过改变像素的色度、饱和度与亮度,来调整对象的颜色。

实训 1   绘制卡通画

【实训目的】

- 了解"亮度/对比度/强度"命令的用法。
- 了解"颜色平衡"命令的用法。
- 了解"伽玛值"命令的用法。
- 了解"色度/饱和度/亮度"命令的用法。

【操作步骤】

步骤 1▶   打开本书配套素材"素材与实例"\"Ph10"文件夹中的"05.cdr"文件,如图 10-19 所示。下面,我们将分别调整 4 个卡通图形的颜色与色调。

图 10-19   打开素材文件

步骤 2▶   选中老虎图形,选择"效果" > "调整" > "亮度/对比度/强度"菜单,打开图 10-20 左图所示"亮度/对比度/强度"对话框,拖动滑块或在相应选项右侧的编辑框中输入数值,可以调整图形的亮度、对比度和强度。

步骤 3▶   设置好参数后,单击"预览"按钮,在绘图窗口中预览调整效果。如果对效果满意,单击"确定"按钮,得到图 10-20 右图所示效果。另外,单击"重置"按钮,可以将各项参数值恢复默认。

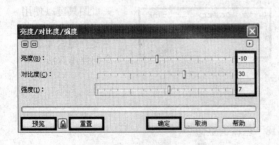

图 10-20   利用"亮度/对比度/强度"命令调整图形对象色调

- **"亮度"**：通过增加或减少亮度值来调整对象的明暗变化。
- **"对比度"**：用于调整对象最浅和最深区域之间的差值。
- **"强度"**：用于调整对象浅色区域的亮度。

步骤 4▶ 选中海豚图形，选择"效果">"调整">"颜色平衡"菜单，打开"颜色平衡"对话框，如图 10-21 左图所示，其中各项意义如下：

- **"阴影"复选框**：决定是否在对象的阴影区域应用颜色校正。
- **"中间色调"复选框**：决定是否在对象的中间色调区域应用颜色校正。
- **"高光"复选框**：决定是否在对象高光部分应用颜色校正。
- **"保持亮度"复选框**：决定是否在应用颜色校正效果的同时保持对象的亮度。
- **"青–红"滑块**：用于添加青色和红色以校正任何不均衡的颜色。向左移动滑块添加青色，向右移动滑块则添加红色。
- **"品–绿"滑块**：用于添加品红和绿色以校正任何不均衡的颜色。
- **"黄–蓝"滑块**：用于添加黄色和蓝色以校正任何不均衡的颜色。

步骤 5▶ 在"范围"设置区中取消"阴影"和"高光"复选框的勾选，在"色频通道"设置区中分别拖动滑块调整各种颜色的增减。设置好参数，单击"预览"按钮，在绘图窗口中预览调整效果；若对效果满意，单击"确定"按钮，得到如图 10-21 右图所示效果。

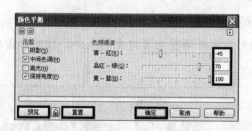

图 10-21 利用"颜色平衡"命令调整图形对象颜色

步骤 6▶ 选中海龟图形，选择"效果">"调整">"伽玛值"菜单，打开图 10-22 左图所示"伽玛值"对话框，左右拖动"伽玛值"滑块，调整中间色调深浅。调整好后，单击"预览"按钮，在绘图窗口中预览调整效果，如图 10-22 右图所示。如果对效果满意，单击"确定"按钮即可。

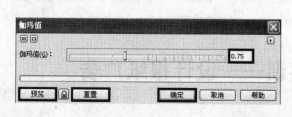

图 10-22 利用"伽玛值"命令调整图形色调

步骤 7▶ 选中鱼图形，选择"效果">"调整">"色度/饱和度/亮度"菜单，打开"色调/饱和度/亮度"对话框,如图 10-23 左图所示。

步骤 8▶ 在"色频通道"设置区中选择要调整的颜色通道(如选择"黄"),然后拖动下面的滑块调整颜色。其中,"色度"滑块决定颜色种类变化,"饱和度"滑块决定颜色纯度变化,"亮度"滑块决定颜色亮度变化。

步骤 9▶ 设置好参数后单击"预览"按钮,在绘图窗口中预览调整效果。如果对效果满意,单击"确定"按钮,即可得到图 10-23 右图所示效果。

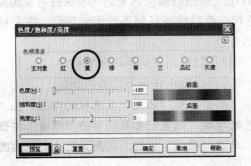 

图 10-23 利用"色度/饱和度/亮度"命令调整图形对象的色彩

步骤 10▶ 将编辑好的 4 个卡通图形复制到"04.cdr"文件的页面 2 中,分别利用"图框精确剪裁"命令将它们置入到桃心图形内,并调整内置对象的大小、位置和角度,如图 10-24 所示。

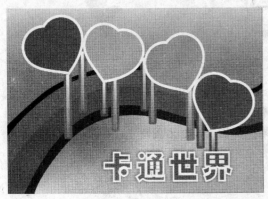 

图 10-24 精确剪裁图形对象

综合实训——设计报纸广告

报纸广告作为一种向大众传播讯息的载体,已成为人们获取信息的主要途径之一。本例将制作图 10-25 所示的世界杯报纸广告。

图 10-25　世界杯报纸广告

要制作本例中的圆环，可首先绘制两个椭圆，然后执行"移除前面对象"命令修整椭圆，再利用"交互式填充"工具 🖊 填充渐变色；要将图片放入圆环，可执行精确剪裁操作；要制做"谁与争锋"文字，可首先输入文字并填充渐变色，然后将文字转换为曲线，再利用"形状"工具 🖊 对文字进行变形即可；要制做环形文字，可首先输入文字并绘制曲线路径，然后沿路径摆放文字即可。

步骤 1▶ 新建一个 A4 横向文档。双击工具箱中的"矩形"工具 🔲，创建一个与页面同样大小的矩形，取消其轮廓线、填充黑色，并锁定其位置，如图 10-26 所示。

步骤 2▶ 利用"3 点椭圆形"工具 🖊 绘制两个图 10-27 所示的椭圆，分别填充黄色和白色，均取消轮廓线。

步骤 3▶ 同时选中两个椭圆，单击属性栏中的"移除前面对象"按钮 🔲，得到图 10-28 所示圆环。

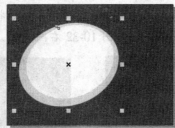
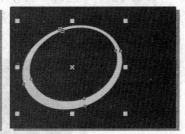

图 10-26　创建矩形并锁定　　图 10-27　绘制椭圆并填充　　图 10-28　裁剪图形

步骤 4▶ 选择"交互式填充"工具 🖊，在其属性栏中的"填充类型"下拉列表中选择"圆锥"，然后单击"编辑填充"按钮 🖊，打开"渐变填充"对话框，在其中单击"自定义"单选钮，设置渐变条为"金黄色—淡黄色—红色—金黄色"渐变，单击"确定"按钮，使用圆锥渐变填充圆环，如图 10-29 所示。

257

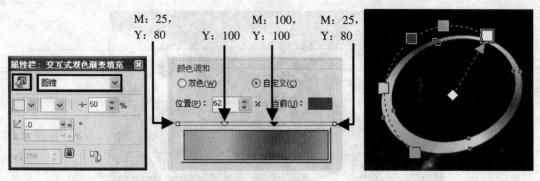

图 10-29　设置并填充渐变色

步骤 5▶ 复制 6 个圆环，分别调整大小，并按照图 10-30 所示位置放置。

步骤 6▶ 利用"椭圆形"工具 ⊙ 绘制一个椭圆形并稍作旋转。导入本书配套素材"素材与实例"\"Ph10"文件夹中的"06.jpg"文件，适当调整其大小，如图 10-31 左上图所示。选择"效果">"图框精确剪裁">"放置在容器中"菜单，光标变为箭头 ➡ 时，单击椭圆，得到图 10-31 右图所示效果。

图 10-30　复制圆环图形

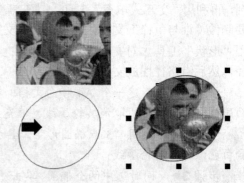

图 10-31　将图像放在容器中

步骤 7▶ 参照与步骤 6 相同的操作方法，导入"Ph10"文件夹中的"07.jpg"、"08.jpg"文件并进行精确剪裁操作，效果如图 10-32 左图所示。然后将文件夹中的"09.wmf"文件也导入到画面中，调整其大小及位置，如图 10-32 右图所示。

图 10-32　放置图片

步骤 8▶ 导入"Ph10"文件夹中的"10.psd"文件，适当调整其大小并进行旋转，然后选择"效果" > "调整" > "亮度/对比度/强度"菜单，打开"亮度/对比度/强度"对话框，分别在"亮度"、"对比度"和"强度"编辑框中输入"40、50、30"，单击"确定"按钮，然后调整足球和火焰的位置，如图10-33右图所示。

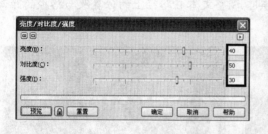

图10-33　调整图片的亮度、对比度和强度

步骤 9▶ 利用"文本"工具 字 输入"谁与争锋"并为其设置一种字体，如"长城新艺体"，字体大小为"100pt"。

步骤 10▶ 选择"交互式填充"工具 ◆，然后参照与步骤4相同的操作方法，对文字填充"方角"渐变色，参数设置及效果分别如图10-34所示。

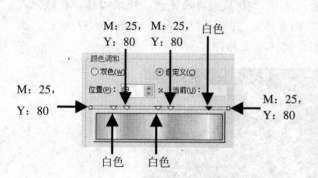

图10-34　为文字填充"方角"渐变色

步骤 11▶ 选中文本，按【Ctrl+Q】组合键，将文本转换为曲线，利用"形状"工具 ⏴调整文字形状，如图10-35所示。

图10-35　调整文字外形

步骤 12▶ 将文字组合到画面中，效果如图 10-36 左图所示。利用"文本"工具 字 输入文字"2010 我的世界杯之梦…"并为其设置一种字体，如"汉仪圆叠体"，字号为"35pt"，填充颜色为白色。

步骤 13▶ 同时选中文本及大圈，选择"文本" > "使文本适合路经"菜单，将文本沿圆形路径放置，然后利用"挑选"工具 调整文本在路径上的位置及与路径的距离，得到图 10-36 右图所示效果。

图 10-36 摆放文字并将文字沿路径放置

步骤 14▶ 利用"文本"工具 字 输入文字"10 战火再次点燃 烽烟四起 数风流人物……"并为其设置一种字体，如"汉仪圆叠体"，字号为"17pt"，如图 10-37 所示。至此，本例就制作完成了，按【Ctrl+S】组合键保存文档即可。

图 10-37 输入文字

本章小结

本章主要介绍了调整图形颜色与色调的方法，以及可以同时针对位图和图形处理的特殊效果命令，如：透镜效果、透视效果、精确剪裁效果和浮雕效果等。其中，精确剪裁效果和透视效果的应用非常广泛，读者应重点掌握。

思考与练习

一、填空题

1. 在 CorelDRAW 中，使用_____命令，可以为图形制作出三维视觉透视效果。

2. 选择_____>_____>_____菜单，可以将对象放置于指定的容器中。

3. 使用_____菜单中的命令，可以在 CorelDRAW 中针对位图或图形对象的色彩进行处理。

二、问答题

1. CorelDRAW 中提供了哪些透镜类型，它们都会产生哪些效果？

2. 要制做浮雕效果，可使用什么命令？

3. 如果希望将一幅图片置入椭圆中，应该如何操作？

三、操作题

利用本章所学的知识，绘制图 10-38 所示广告牌。

图 10-38 广告牌

提示：

步骤 1▶ 输入文字"北京"，将其转换为曲线，然后用"形状"工具调整其形状。

步骤 2▶ 导入本书配套素材"素材与实例"\"Ph10"文件夹中的"11.jpg"文件，并利用"亮度/对比度/强度"命令调整图片色调，再用"图框精确剪裁"命令将它们置入到文字中。

步骤 3▶ 利用艺术笔工具组中的"喷罐"选项制作礼花。

第 11 章　位图的导入与编辑

【本章导读】

CorelDRAW 虽然是一个专业的矢量绘图软件，但它处理位图的功能也是非常强大的。比如可以裁剪、擦除位图，将位图与矢量图相互转换，还可以对位图应用花样繁多的滤镜，这为我们的创作提供了更大的空间。

【本章内容提要】

- 导入位图的方法
- 位图的裁剪切、擦除与边界调整
- 位图颜色遮罩
- 位图颜色与色调调整
- 应用位图滤镜

11.1　导入位图

在 CorelDRAW 中，用户可以导入位图，并能在导入时对其进行裁剪、重新取样等操作。

实训 1　设计 SPA 宣传页——导入位图

【实训目的】

- 掌握导入位图时裁切、重新取样与链接导入设置的方法。

【操作步骤】

步骤 1▶ 打开本书配套素材"素材与实例"\"Ph11"文件夹中的"01.cdr"文件，如图 11-1 所示。下面，我们要在页面中导入一些位图。

步骤 2▶ 选择"文件">"导入"菜单，或按【Ctrl+I】组合键，打开"导入"对话框，在"查找范围"下拉列表框内选中文件所在的位置，然后选中所需的位图文件，这里选择本书配套素材"素材与实例"\"Ph11"文件夹中的"01.jpg"文件，勾选"预览"复选框，在预览框中将显示文件的预览效果，如图 11-2 所示。

图 11-1 打开素材文件　　　　图 11-2 在"导入"对话框中选择导入的位图图像文件

步骤 3▶ 单击"导入"按钮，此时光标呈图 11-3 左上图所示形状，然后在页面中单击并向右下方拖动鼠标，确定图像的尺寸，如图 11-3 左下图所示，释放鼠标左键，位图即被导入，如图 11-3 中图所示。

步骤 4▶ 利用"挑选"工具调整位图的大小，使其与页面等大，然后选择"排列">"顺序">"到页面后面"菜单，将位图置于所有对象的下面，其效果如图 11-3 右图所示。

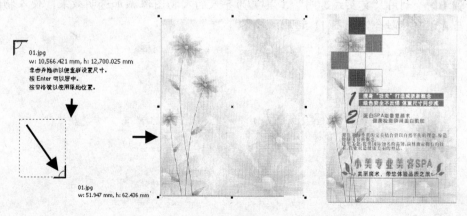

图 11-3 导入位图并调整大小与排列顺序

·小技巧·

> 如果直接在页面中单击鼠标，图像将以原尺寸导入。

步骤 5▶ 导入位图时，如果只需要原图像的一部分，可以将导入的位图进行裁剪。按【Ctrl+I】组合键，打开"导入"对话框，选择"Ph11"文件夹中的"01.png"文件，并在"导入方式"下拉列表中选择"裁剪"选项（默认为"全图像"导入方式），单击"导入"按钮，将出现图11-4右图所示"裁剪图像"对话框。

步骤 6▶ 拖动裁剪框的手柄，调整裁剪框大小。然后将光标放置在裁剪框内，单击并拖动鼠标，移动裁剪框的位置，以确定要保留的图像区域。另外，也可在相应数值框中输入数值，精确要裁剪的图像。

步骤 7▶ 参数设置好后，单击"确定"按钮关闭对话框，然后在页面中单击鼠标，将裁剪后的位图导入到页面中，适当调整大小并放置于页面的右上角。

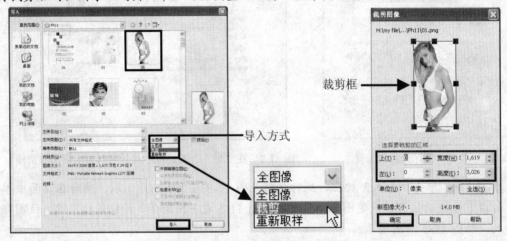

图 11-4　导入位图前裁剪图像

步骤 8▶ 利用"交互式透明"工具🔲为导入的人物图像添加透明效果，使人物图像的底边与背景自然融合，如图 11-5 所示。

图 11-5　为人物图像添加透明效果

步骤 9▶ 导入位图时，根据需要可以重新调整图像的尺寸和分辨率，此时系统将对位图重新取样。按【Ctrl+I】组合键，打开"导入"对话框，选择"Ph11"文件夹中的"02.jpg"文件，然后选择"导入方式"下拉列表的"重新取样"选项，如图 11-6 左图所示，单击"导入"按钮，将出现图 11-6 中图所示"重新取样图像"对话框。

步骤 10▶ 在"重新取样图像"对话框中的"宽度"和"高度"编辑框中输入图像的新尺寸或新比例，并勾选"保持纵横比"复选框确保长宽比例不变。根据操作需要，用户可以重新设置图像的分辨率。

步骤 11▶ 设置完毕后，单击"确定"按钮关闭对话框，然后在页面中单击鼠标，将重新取样后的位图导入到绘图页面中备用，如图 11-6 右图所示。

图 11-6 导入位图前重新取样

步骤 12▶ 通常情况下，导入位图后会增加 CorelDRAW 文件大小。为此，我们可以以外部链接方式来导入位图，此时 CorelDARW 文件中保存的是到位图文件的路径。按【Ctrl+I】组合键，打开"导入"对话框，选择"Ph11"文件夹中的"03.jpg"文件，然后勾选"外部链接位图"复选框，如图 11-7 左图所示。

步骤 13▶ 参数设置好后，单击"导入"按钮关闭对话框，然后在页面中单击鼠标将位图以外部链接方式导入，如图 11-7 右图所示。

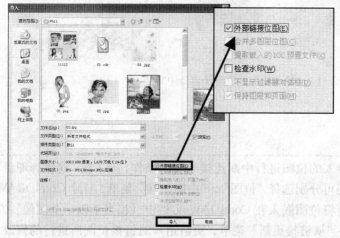
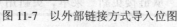

图 11-7 以外部链接方式导入位图

265

步骤 14▶ 位图以外部链接方式导入后，选择"窗口" > "泊坞窗" > "链接管理器"菜单，打开图 11-8 所示的"链接管理器"泊坞窗，从中可以查看文件信息并可进行断开链接与使用相关应用程序打开链接等操作。如果双击位图文件缩览图，可以选中该位图图像。

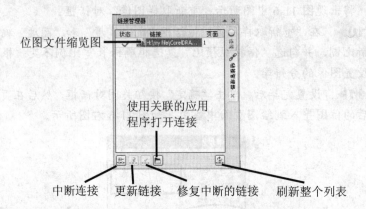

位图文件缩览图

使用关联的应用
程序打开连接

中断连接　更新链接　修复中断的链接　刷新整个列表

图 11-8　"链接管理器"泊坞窗

步骤 15▶ 利用"导入"命令分别将"Ph11"文件夹中的"04.jpg"、"05.jpg"和"06.jpg"文件导入到页面中，然后利用"图框精确剪裁"命令将"03.jpg"、"04.jpg"、"05.jpg"和"06.jpg"位图图像分别放置在图 11-9 所示的矩形容器内。

图 11-9　导入位图并放置于容器中

 **知识库**

　　若用户想对以连接方式导入的位图进行中断连接与更新操作，除了在"连接管理器"泊坞窗中点击相应的按钮外还可分别选择"位图" > "中断链接"菜单，解除 CorelDRAW 文档与位图之间的链接，从而将位图嵌入在 CorelDAW 文档中（相当于以"全图像"方式导入）；或者选择"位图" > "从链接更新"菜单，更新用户对链接位图所进行的修改。

11.2 位图编辑的基本方法

导入位图后，我们还可根据需要对位图进行裁切、擦除与颜色调整等，并可将位图与矢量图相互转换以满足设计需求。

实训 1 绘制小说插图——位图裁切、擦除与边界调整

【实训目的】

● 掌握导入位图时裁切、擦除与边界调整的方法。

【操作步骤】

步骤 1▶ 打开本书配套素材"素材与实例"\"Ph11"文件夹中的"02.cdr"文件，如图 11-10 所示。下面，在页面中导入两幅位图，并对它们进行裁切、擦除与边界调整操作。

步骤 2▶ 利用"导入"命令将"Ph11"文件夹中的"07.jpg"导入到页面中，调整其宽度与页面等宽，如图 11-11 所示。

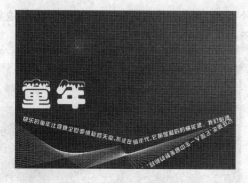

图 11-10 打开素材文件

图 11-11 导入位图并调整宽度

步骤 3▶ 选中导入的位图，然后利用"裁切"工具在页面的左上角单击，并向页面右下角拖动鼠标，绘制一个与页面同等大小的裁切框，确定要保留的位图区域，在裁切框内双击鼠标左键裁切图像，如图 11-12 所示。

图 11-12 裁切位图

步骤 4▶　按【Ctrl+PgDn】组合键，将导入的位图移至文字的下方，效果如图 11-13 所示。

步骤 5▶　选择"形状"工具 后，位图的四周将显示一个矩形边界框，向上拖动边框的底边，调整位图显示区域，如图 11-14 所示。

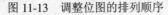

图 11-13　调整位图的排列顺序　　　　图 11-14　利用"形状"工具调整位图显示区域

步骤 6▶　在边框的底边上双击，增加一个节点，单击并向下拖动该节点，调整边框的形状，此时图像呈多边形显示，如图 11-15 所示。

图 11-15　通过在控制框增加节点来调整图像形状

知识库

利用"形状"工具 可以像编辑图形路径一样改变位图边框形状，以便制作出各种形状的位图。

步骤 7▶　利用"导入"命令将"Ph11"文件夹中的"08.psd"文件导入到页面中，适当调整其大小，并放置于图 11-16 左图所示的位置。

步骤 8▶　选中人物图像，选择"橡皮擦"工具 ，在其属性栏中设置"橡皮擦厚度"为 5，笔尖形状为方形，然后将光标移至位图的左下角单击鼠标，确定擦除图像的起点，再移至下一点单击鼠标，可以擦除鼠标单击处两点间的图像，如图 11-16 所示。

图 11-16　擦除图像

步骤 9▶　使用与步骤 8 相同的操作方法，利用"橡皮擦"工具 擦除人物图像另一侧，使底边呈现直角边，然后将其他多余图像擦除，如图 11-17 所示。

图 11-17　擦除图像

> 利用"挑选"工具 及其属性栏也可对位图进行缩放、倾斜、旋转与移位等操作。

实训 2　设计房地产广告——使用颜色遮罩与颜色调整命令

使用"位图颜色遮罩"命令可以将图像中某种特定颜色或与之相似的颜色隐藏。

利用"效果">"调整"菜单中的命令，可以对选定的位图进行各种方式的色彩调整，这些命令的操作方法与 10.3 节介绍的 4 种调整命令相似。本实例中，我们将简要介绍几种常用的颜色与色调调整命令。

【实训目的】

- 了解"位图颜色遮罩"泊坞窗的使用方法。
- 了解位图色彩调整命令。

【操作步骤】

步骤 1▶ 打开本书配套素材 "素材与实例" \ "Ph11" 文件夹中的 "03.cdr" 文件，如图 11-18 所示。

步骤 2▶ 利用 "导入" 命令将 "Ph11" 文件夹中的 "08.jpg" 文件导入到页面中，适当调整其大小，放置于图 11-19 所示位置。

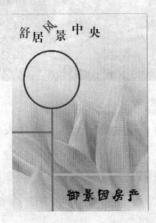 

图 11-18　打开素材文件　　　　　　　　图 11-19　导入位图文件

步骤 3▶ 选择 "位图" > "位图颜色遮罩" 菜单，打开 "位图颜色遮罩" 泊坞窗，在其中选中 "隐藏颜色" 单选钮，然后单击 "颜色选择" 按钮 ✏️，此时光标变成滴管状 ✏️，在图像上单击吸取要遮罩的颜色（此处选择白色），则选中的颜色将出现在 "位图颜色遮罩" 泊坞窗的颜色列表框中，如图 11-20 左图所示。

步骤 4▶ 在 "容限" 编辑框中输入 46，单击 "应用" 按钮，将弹出图 11-20 右 2 图所示的对话框，单击 "确定" 按钮，则位图中的选定颜色区被设置为透明，如图 11-20 右图所示。

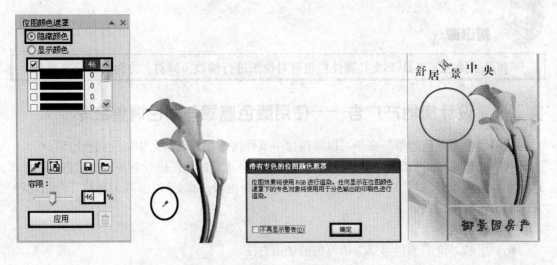

图 11-20　使用 "位图颜色遮罩" 泊坞窗隐藏位图中的颜色

> 如果图片中仍残存了一些未被隐藏的颜色区（该颜色与选定的颜色相近，但不完全相同），可以适当扩大容限值，也可在"位图颜色遮罩"泊坞窗的颜色列表中单击第 2 个颜色条，然后用"颜色选择"工具 ✎ 在位图中吸取未遮罩的颜色，再次单击"应用"按钮即可。

步骤 5▶ 要撤销全部颜色遮罩效果，可在"位图颜色遮罩"泊坞窗中单击"移除遮罩"按钮 ⬛。如果只移除对某种颜色的遮罩，可首先取消勾选"位图颜色遮罩"泊坞窗中该颜色条前面的复选框，然后单击"应用"按钮即可。

步骤 6▶ 选中隐藏颜色后的位图，选择"效果">"调整">"替换颜色"菜单，打开"替换颜色"对话框，单击对话框左上角的 ⬛ 按钮，展开对话框，在源图像预览窗口内单击鼠标左键可放大图像，单击鼠标右键可缩小图像，单击鼠标左键并拖动可平移图像。当源图像预览窗口中的内容改变时，目标图像会同步改变，以使两者始终显示图像中相同的区域，如图 11-21 所示。

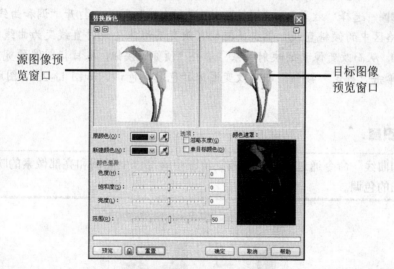
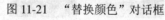

图 11-21 "替换颜色"对话框

> "替换颜色"命令主要用于替换位图中选定的颜色。

步骤 7▶ 在"替换颜色"对话框中单击"原颜色"右侧的吸管按钮 ✎，然后在位图中单击选取要替换的颜色（如黄色），如图 11-22 左图所示，然后单击"新建颜色"右侧的 ⬛▾ 按钮，从弹出下拉面板中选择要替换的结果颜色（如红色），在"颜色差异"设置区中调整新建颜色的色度、饱和度和亮度，并设置"范围"值，确定颜色替换范围，单击"预览"按钮，调整结果将显示在目标图像预览窗口中，如图 11-22 中图所示。

步骤 8▶　如果对颜色替换效果满意，单击"确定"按钮，可以将位图中的黄色替换为红色，如图 11-22 右图所示。

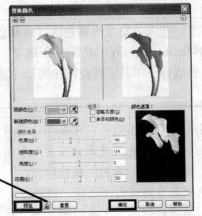
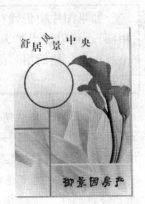

单击该按钮
可同步预览
调整效果

图 11-22　利用"替换颜色"命令调整位图

步骤 9▶　利用"导入"命令将"Ph11"文件夹中的"09.jpg"文件导入到页面中，适当调整大小，并按【Ctrl+PgDn】组合键，调整其排列顺序，如图 11-23 左图所示。

步骤 10▶　选择"效果" > "调整" > "调和曲线"菜单，打开"调和曲线"对话框，在对话框网格区中的倾斜直线上单击并拖动可改变其形状（此时直线变为曲线，并增加了一个控制点），从而改变像素的映射关系。单击"预览"按钮，从目标图像预览窗口中查看调整结果，单击"确定"按钮，即可改变图像的色彩与色调，如图 11-23 右图所示。

知识库

　　"调和曲线"命令通过一条曲线控制位图中暗部、中间调和亮部像素的映射，来精确校正位图的色调。

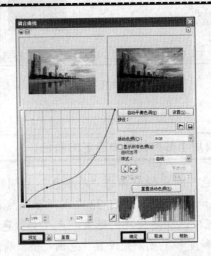

图 11-23　利用"调和曲线"命令调整位图

步骤 11▶ 利用"导入"命令将"Ph11"文件夹中的"10.jpg"文件导入到页面中，将位图适当缩小，然后利用"形状"工具  调整其右侧边界，隐藏部分图像，再按【Ctrl+PgDn】组合键，调整其排列顺序，并将其放置于图 11-24 所示位置。

知识库

在"调和曲线"对话框中，网格的水平轴对应了位图中的暗部像素到亮部像素，垂直轴对应了调整后的暗部到亮度像素。要删除曲线上的控制点，只需单击选中控制点，然后按【Delete】键即可。

图 11-24　导入、缩小并移动位图

步骤 12▶ 选择"效果">"调整">"取样/目标平衡"菜单，打开"样本/目标平衡"对话框，分别单击对话框中的 、 和 按钮，然后在选中的位图上单击，取样图像的暗部、中间调和亮部颜色。分别单击"目标"列对应的 3 个色块，可打开"选择颜色"对话框，从中选择替换图像暗部、中间调和亮部的颜色，如图 11-25 所示。

知识库

"样本/目标平衡"命令用于根据从位图中选取的色样来调整位图的颜色。

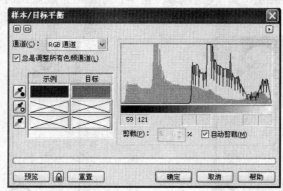

图 11-25　利用"样本/目标平衡"命令调整位图

步骤 13▶ 利用"导入"命令将"Ph11"文件夹中的"11.jpg"文件导入到页面中，适当调整位图的大小，然后选择"效果">"变换">"反显"菜单，将图像的色彩进行反相，以原图像的补色显示，如图 11-26 下图所示。

步骤 14▶ 利用"图框精确剪裁"命令将"11.jpg"文件置入页面中的圆形容器内，

此时画面效果如图 11-27 所示。

图 11-26 利用"反显"命令调整位图　　　　图 11-27 精确剪裁位图

实训 3　设计精美书签——位图与矢量图的转换

在 CorelDRAW 中，还可以将位图与矢量图相互转换，从而更有利于设计操作。

【实训目的】

● 了解"转换为位图"命令的用法。
● 掌握"快速描摹"和"轮廓描摹"命令的用法。

【操作步骤】

步骤 1▶ 打开本书配套素材"素材与实例"\"Ph11"文件夹中的"04.cdr"文件，如图 11-28 所示。

步骤 2▶ 选择"位图">"快速描摹"菜单，可使用系统默认的参数将位图直接转换成矢量图，如图 11-29 所示。

图 11-28 打开素材文件　　　　图 11-29 将位图快速转换成矢量图

步骤 3▶　使用"快速描摹"命令将位图转换成矢量图后，图像的很多细节都损失了，下面，我们利用"PowerTRACE"对话框进行更多的细节设置。单击"标准"工具栏中的"撤销"按钮↶，撤销前面的操作。

步骤 4▶　重新选中位图，然后选择"位图">"轮廓描摹"菜单，从其中的子菜单中选择任一命令（这里选择"高质量图像"），都可以打开"PowerTRACE"对话框，如图 11-30所示。

步骤 5▶　在"PowerTRACE"对话框中设置所需的参数，单击"确定"按钮，即可将位图转换为高品质的矢量图形。默认情况下，由位图转换成的矢量图为群组图形，因此，要想编辑其内容，必须首先按【Ctrl+U】组合键将其打散（取消群组）。

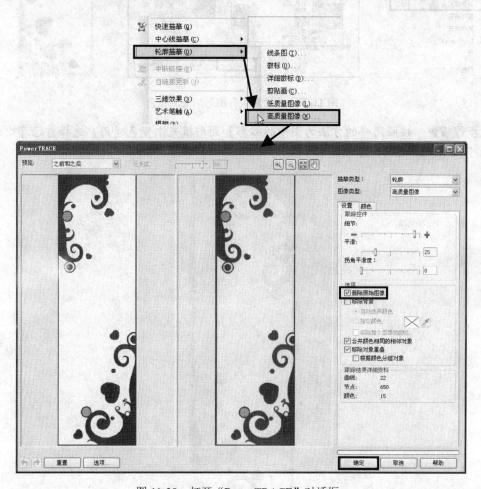

图 11-30　打开"PowerTRACE"对话框

步骤 6▶　利用"挑选"工具选中图中的海浪部分，然后选择"渐变填充"工具，并从弹出的"渐变填充"对话框中按照图 11-31 中图所示的参数设置，其中在"预设"列表中选择"89-彩虹-06"并设置"角度"为"-45°"，设置好后单击"确定"按钮，效果如图 11-31 右图所示。

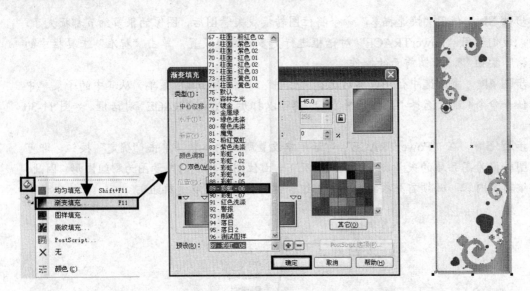

图 11-31　为"海浪"图形填充渐变色

步骤 7▶ 按照同样的方法为图中的心形和圆形填充渐变色（用户选择自己喜欢的颜色即可），效果如图 11-32 所示。

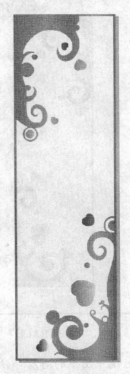

图 11-32　为"心形"和"圆形"填充渐变色

步骤 8▶ 利用"挑选"工具 选中所有矢量图形，选择"位图"＞"转换为位图"菜单，打开"转换为位图"对话框，如图 11-33 所示。

> 在"转换为位图"对话框中可设置转换时的分辨率、颜色模式和选项。默认情况下，"光滑处理"复选框被选中，可以避免转换成位图的矢量对象在不同颜色交接处出现锯齿，使边缘更平滑；如果希望转换后使背景透明，则应选中"透明背景"复选框，否则，背景将以白色填充。

步骤 9▶ 保持默认的参数不变，单击"确定"按钮，矢量图形即被转换为位图图像。

步骤 10▶ 选择"位图"＞"艺术笔触"＞"单色蜡笔"菜单，打开"单色蜡笔画"对话框，保持默认的参数不变，单击"确定"按钮，得到图 11-34 所示效果。

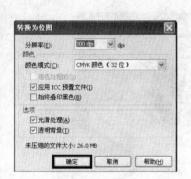

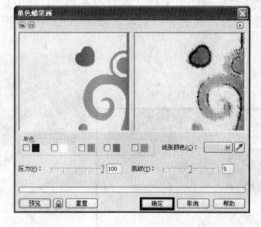

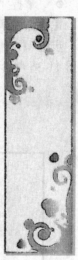

图 11-33　"转换为位图"对话框　　　　图 11-34　应用"单色蜡笔画"效果

步骤 11▶ 为书签输入文字并填充蓝色，如图 11-35 所示。

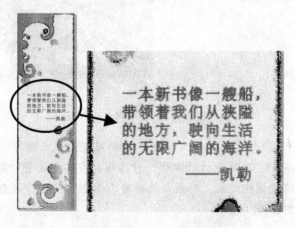

图 11-35　输入文字并填充

11.3 对位图应用滤镜

滤镜用来处理位图以生成各种特殊效果，这些滤镜均放置在"位图"菜单中。使用位图滤镜时应首先选中要处理的位图，然后再选择所需滤镜命令，最后在打开的对话框中设置相应参数即可。下面，我们通过几个小实例来介绍滤镜的使用方法及常用滤镜的特点。

实训 1 设计电影海报——使用缩放、虚光与钢笔画滤镜

【实训目的】

● 了解"缩放"滤镜的用法。

● 掌握"虚光"和"钢笔画"滤镜的用法。

【操作步骤】

步骤 1▶ 打开本书配套素材"素材与实例"\ "Ph11"文件夹中的"05.cdr"文件，如图 11-36 所示。下面，我们将分别对页面中的几幅位图图像添加滤镜效果。

图 11-36 打开素材文件

步骤 2▶ 利用"挑选"工具 选中页面下方的风景图像，选择"位图" > "模糊" > "缩放"菜单，打开图 11-37 所示的"缩放"对话框，在其中设置"数量"为 100，单击"预览"按钮，查看缩放模糊效果。对效果满意后，单击"确定"按钮，即可将缩放模糊效果应用于图像，如图 3-38 所示。

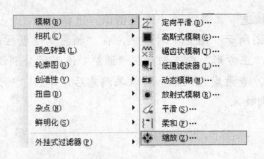

单击该按钮，可收缩对话框。再次单击该按钮，可扩展对话框。在扩展对话框中可同时观察图像原始效果和应用滤镜效果

单击此按钮可扩展源图像区

在此区域单击可放大图像，右击可缩小图像，若图像大于显示区时单击并拖动可平移图像

当改变对话框中的设置时，按下该按钮可预览滤镜应用效果，但当启用🔒按钮时，该按钮不起作用

单击该按钮，可恢复滤镜默认参数设置并相应地改变滤镜预览效果

图 11-37　"缩放"对话框

利用"缩放"滤镜可以从位图的某一点产生放射状的模糊效果，类似于可变焦距相机在拍摄过程中变动焦距产生的类似爆炸的效果。

要对导入的位图图像添加滤镜效果，必须先选择"位图">"中断链接"菜单，中断位图与源文件的链接，否则无法对其添加任何滤镜效果。

步骤 3▶　选择"交互式透明"工具，然后为风景图像添加透明效果，使风景图像的上边与底图自然融合，如图 11-39 所示。

图 11-38　对风景图像应用"缩放"滤镜　　　　图 11-39　为风景图像添加透明效果

279

　　步骤 4▶　利用"挑选"工具 ☌ 选中人物图像，选择"位图" > "创造性" > "虚光"菜单，打开图 11-40 左图所示"虚光"对话框，在"颜色"设置区选中"白色"单选钮，在"形状"设置区选中"正方形"单选钮，在"调整"设置区分别设置"偏移"和"褪色"值，单击"预览"按钮，查看虚光效果。对效果满意后，单击"确定"按钮，即可得到图 11-40 右图所示缩放模糊效果。

知识库

　　"虚光"滤镜能够产生一种类似给位图加上一个彩色框架的朦胧的怀旧效果。

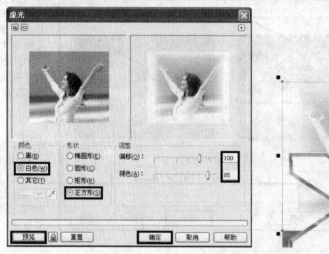

图 11-40　为人物图像添加"虚光"滤镜效果

　　步骤 5▶　选择"交互式透明"工具 ☍，然后为人物图像添加透明效果，使人物图像的底边与底图自然融合，如图 11-41 所示。

　　步骤 6▶　利用"挑选"工具 ☌ 选中眼睛图像，选择"位图" > "艺术笔触" > "钢笔画"菜单，打开图 11-42 左图所示"钢笔画"对话框，在"样式"设置区选中"点化"单选钮，然后分别设置"密度"和"墨水"值，单击"预览"按钮，查看钢笔画效果。对效果满意后，单击"确定"按钮，即可得到图 11-42 右图所示钢笔画效果。

　　步骤 7▶　选择"效果" > "图框精确剪裁" > "放置在容器中"菜单，当光标呈黑色水平箭头时，单击页面中填充色为白色的不规则图形，将眼睛图像进行精确剪裁，并调整眼睛图像的显示区域，其效果如图 11-43 所示。

图 11-41　为人物图像添加透明效果

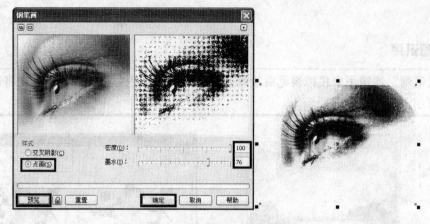

图 11-42　对眼睛图像应用"钢笔画"滤镜

图 11-43　精确剪裁位图

实训 2　设计纪念卡——使用"炭笔画"、"水彩画"与"卷页"滤镜

【实训目的】

● 掌握"炭笔画"与"水彩画"滤镜的用法。

● 掌握"卷页"滤镜的用法。

【操作步骤】

步骤 1▶ 打开本书配套素材"素材与实例"\ "Ph11"文件夹中的"06.cdr"文件，将页面 1 置为当前页面，如图 11-44 所示。

步骤 2▶ 利用"挑选"工具 选中花卉图像，选择"位图" > "艺术笔触" > "炭笔画"菜单，打开图 11-45 所示"炭笔画"对话框，各项参数保持默认，单击"预览"按钮，查看炭笔画效果。对效果满意后，单击"确定"按钮，即可应用炭笔画效果，然后调整图像的位置，如图 11-46 所示。

知识库

> "炭笔画"滤镜用来模拟炭笔画绘画效果，此时位图色彩将丢失，其层次将以炭笔线条来表示。

图 11-44　打开素材文件

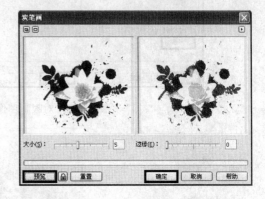

图 11-45　"炭笔画"对话框

图 11-46　对位图应用"炭笔画"滤镜并调整图像位置

步骤 3▶ 利用"挑选"工具 选中风景图像，选择"位图" > "艺术笔触" > "水彩画"菜单，打开图 11-47 左图所示"水彩画"对话框，各项参数保持默认，单击"预览"按钮，查看水彩画效果。对效果满意后，单击"确定"按钮，即可得到图 11-47 右图所示水彩画效果。

知识库

> "水彩画"滤镜用来模拟水彩画效果，用户可以设置画刷大小、粒状与水量，还可以调整画面的出血与亮度。

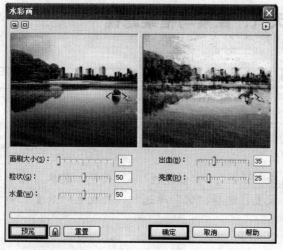

图 11-47　对位图应用"水彩画"滤镜

步骤 4▶　选中风景图像，选择"位图">"三维效果">"卷页"菜单，打开图 11-48 左图所示"卷页"对话框，在其中单击 ⬚ 按钮，确定卷页位于图像的左下角，设置"纸张"为透明，"宽度"为 64，"高度"为 59，其他参数保存默认值。

知识库

　　"卷页"滤镜可以使位图产生页面一角卷起的特殊效果，利用其对话框可设置卷页的位置、宽度、高度、颜色等。

步骤 5▶　参数设置好后，单击"预览"按钮，查看卷页效果。对效果满意后，单击"确定"按钮，即可得到图 11-48 右图所示卷页效果。

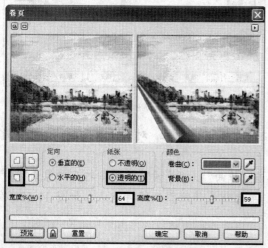

图 11-48　对位图应用"卷页"滤镜

实训 3 设计电脑桌面——使用天气、像素与框架滤镜

【实训目的】

● 掌握"天气"与"像素"滤镜的用法。
● 掌握"框架"滤镜的用法。

【操作步骤】

步骤 1▶ 打开本书配套素材"素材与实例"\ "Ph11"文件夹中的"07.cdr"文件，并将页面 1 设置为当前页面，如图 11-49 所示。

步骤 2▶ 选中页面中的风景图像，选择"位图" > "创造性" > "天气"菜单，打开图 11-50 所示"天气"对话框，在"预报"设置区选择"雪"单选钮，并设置"浓度"和"大小"值，其他选项保持默认。

知识库

使用"天气"滤镜可以为位图添加天气中的雪、雨、雾的效果，使位图更具有自然气息。

图 11-49 打开素材文件

图 11-50 "天气"对话框

步骤 3▶ 参数设置好后，单击"预览"按钮，查看雪效果。对效果满意后，单击"确定"按钮，即可得到图 11-51 所示雪效果。

步骤 4▶ 选中风景图像，选择"位图" > "扭曲" > "像素"菜单，打开"像素"对话框，在"像素化模式"设置区选择"射线"单选钮，其他参数保持默认，如图 11-52 所示。

使用"像素"滤镜可以将位图分割为正方形、矩形或射线单元格。

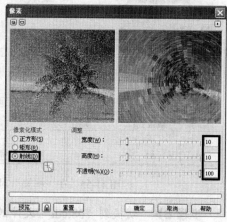

图 11-51　对位图应用"雪"滤镜　　　　　　　图 11-52　"像素"对话框

步骤 5▶　参数设置好后，单击"预览"按钮，查看像素扭曲效果。对效果满意后，单击"确定"按钮，即可得到图 11-53 所示效果。

步骤 6▶　选中页面区域外的第一幅人物图像（如图 11-54 所示），选择"位图" > "创造性" > "框架"菜单，打开"框架"对话框，在"选择"选项卡下选择如图 11-55 左图所示的框架样式。

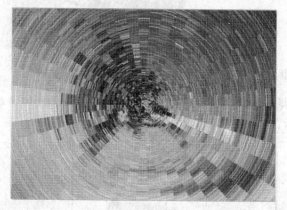

图 11-53　对位图应用"像素"滤镜　　　　　　　图 11-54　选中人物图像

步骤 7▶　单击"修改"选项卡，切换到图 11-55 右图所示界面，在其中设置缩放、翻转和对齐属性，单击"预览"按钮，查看边框效果。对效果满意后，单击"确定"按钮，即可得到如图 11-56 所示效果。

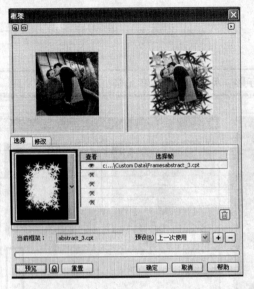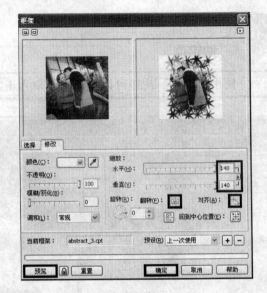

图 11-55　在"框架"对话框选择框架样式并精确设置其属性

步骤 8▶　切换到"08.cdr"文件的页面 2，然后利用"图框精确剪裁"命令将应用框架效果的人物图像放置在第一个四边形内，并适当旋转人物图像，其效果如图 11-57 所示。

图 11-56　对人物图像应用"框架"滤镜　　　图 11-57　将人物图像放置在四边形内

步骤 9▶　参照与步骤 6～7 相同的操作方法，为页面区域外的另外两幅人物图像添加不同样式的边框，其效果如图 11-58 所示。

图 11-58　为其他两幅人物图像添加边框

步骤 10▶ 参照与步骤 8 相同的操作方法,将应用"框架"滤镜后的人物图像分别置入页面 2 中的四边形内,并适当调整人物图像的大小和旋转角度,然后将编辑好的人物图像复制到页面 1 中,如图 11-59 左图所示。最后,将页面 3 中制作好的文字和装饰图像再复制到页面 1,并放置于如图 11-59 右图所示位置。这样一个漂亮的桌面就制作好了。

图 11-59 复制对象并调整其位置

综合实训——设计明信片

学了这么多处理位图的滤镜,是不是想练练手做点什么呢?那就赶快随我一起用 CorelDRAW 制作一张图 11-60 所示的明信片吧。

图 11-60 制作明信片

要制作明信片的背景,可首先绘制一个矩形,然后将其转换为位图,执行"颜色变换"滤镜组中的"半色调"滤镜,为其添加纹理;要制作信纸,也可先绘制一个矩形,然后将其转换为位图,执行"创造性"滤镜组中的"框架"滤镜,为其添加花边,最后使用"交互式阴影"工具 为其添加阴影,使用"挑选"工具 将其旋转一定角度;添加花卉图像,并对其应用"艺术笔触"滤镜中的"单色蜡笔画"滤镜,最后添加咖啡杯和文字对象。

步骤 1▶ 新建一个文档,在属性栏中设置页面的大小和方向,如图 11-61 所示。

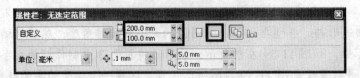

图 11-61　设置页面属性

步骤 2▶　双击工具箱中的"矩形"工具□，创建一个与页面同样大小的矩形，取消矩形的轮廓线，然后填充浅棕（C：20，M：40，Y：75）到棕红（C：20，M：55，Y：70）的线性渐变色，如图 11-62 左图所示。

步骤 3▶　保持矩形的选中状态，选择"位图" > "转换为位图"菜单，弹出图 11-62 右图所示的"转换为位图"对话框，保持默认参数不变，然后单击"确定"按钮关闭对话框。

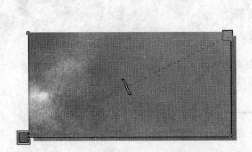

图 11-62　为矩形填充渐变色并转换为位图

步骤 4▶　选择"位图" > "颜色变换" > "半色调"菜单，在弹出的"半色调"对话框中按图 11-63 左图所示设置参数，单击"确定"按钮关闭对话框，得到图 11-63 右图所示效果。

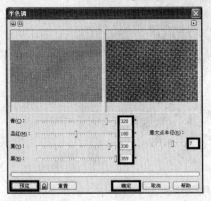

图 11-63　应用"半色调"滤镜

步骤 5▶　选择"排列" > "锁定对象"菜单，将矩形锁定。用"矩形"工具□绘制一个规格为 65×90mm，填充色为白色、无轮廓色的矩形，然后将其转换为位图图像，如图 11-64 所示。

步骤 6▶　选中矩形，选择"位图" > "创造性" > "框架"菜单，打开"框架"对话框，参数设置及效果分别如图 11-65 所示。

图 11-64 绘制矩形

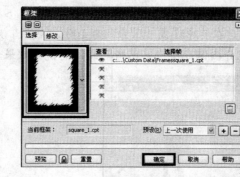

图 11-65 应用"框架"滤镜

步骤 7▶ 使用"交互式阴影"工具  为应用"框架"滤镜的图形添加阴影，并在其属性栏中设置"阴影的不透明"为 100，"阴影羽化"为 0，如图 11-66 所示。

步骤 8▶ 适当放大、旋转矩形，将其移至页面的右下角并按照页面边界裁切掉多余部分，效果如图 11-67 所示。

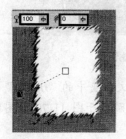

图 11-66 添加阴影

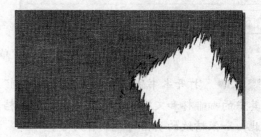

图 11-67 旋转、放大、移动和裁切矩形

步骤 9▶ 利用"导入"命令将本书配套素材"素材与实例"\"Ph11"文件夹中的"12.jpg"文件导入到页面中，如图 11-68 左图所示。

步骤 10▶ 选中花卉图像，选择"位图" > "位图颜色遮罩"菜单，打开"位图颜色遮罩"对话框，然后单击"颜色选择"按钮 ✐，将光标移至花卉图像的白色背景上，单击鼠标吸取要遮罩的颜色，并设置"容限"为 28，如图 11-68 中图所示。

步骤 11▶ 单击"应用"按钮隐藏吸取的颜色，然后调整花卉图像的大小和旋转角度，并将其放置于图 11-68 右图所示位置。

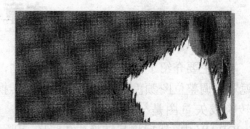

图 11-68 设置位图遮罩颜色

步骤 12▶ 选中花卉图像，选择"位图">"艺术笔触">"单色蜡笔画"菜单，打开"单色蜡笔画"对话框，在其中设置"压力"为 100，"底纹"为 5，其他参数保持默认，单击"确定"按钮，对花卉图像应用"单色蜡笔画"滤镜，效果如图 11-69 所示。

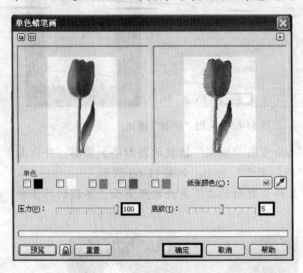
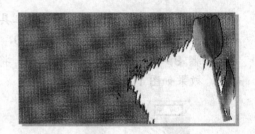

图 11-69 对花卉图像应用"单色蜡笔画"滤镜

步骤 13▶ 打开本书配套素材"素材与实例"\"Ph11"文件夹中的"08.cdr"文件，然后将其中的咖啡杯和文字对象分别复制到新文档页面中，并放置于图 11-70 右图所示位置。至此，一张精致的明信片就制作好了。

图 11-70 放置素材对象

本章小结

本章主要介绍了位图的导入与编辑方法，主要包括位图的导入、裁剪、擦除、位图颜色遮罩、调整位图颜色、位图与矢量图的转换，以及对位图应用滤镜等内容。其中，将位图转换成矢量图是一项非常实用的功能，比如：我们可以将一些手绘稿扫描后导入 CorelDRAW 中，然后将其转换成矢量图，利用图形编辑工具就可以直接对其编辑、上色了。

　　CorelDRAW 提供了很多种滤镜命令，单个滤镜的使用方法都比较简单。但是，读者要想熟练掌握每个滤镜的特点，以及灵活运用多种滤镜组合，还需要大量的练习和实践经验的积累。

思考与练习

一、填空题

1. 通过选择"效果"> _____菜单中的命令，可以对位图进行各种颜色和色调调整。

2. 要显示或隐藏位图中的指定颜色，应该_____。

3. 要将位图中的某种颜色替换为其他颜色，应该_____。

二、问答题

1. 如何在导入位图时裁剪位图？

2. 如果要使位图的下边线变成波浪形，应该怎样调整？

3. 如何将位图转换成矢量图？

三、操作题

1. 导入本书配套素材"素材与实例"\\"Ph11"文件夹中的"卡通.jpg"文件，运用所学知识将图 11-71 左图所示位图图像转换成矢量图，然后使用"智能填充"工具重新编辑填充颜色。

图 11-71　将位图转换成矢量图后重新编辑

2. 利用本章所学滤镜命令制作图 11-72 所示的特效字。

图 11-72　特效字

提示：

步骤 1▶ 输入文字，运用"封套"工具 ⊞ 调整其形状。

步骤 2▶ 导入本书配套素材"素材与实例/Ph11"文件夹中的"火.jpg"，运用"图框精确剪裁"命令制作图案字。

步骤 3▶ 将文字转换为位图，分别执行"挤远/挤近"（在"三维效果"滤镜组中）和"虚光"滤镜。

第12章　打印输出

【本章导读】

当完成一幅作品后，我们可以使用 CorelDRAW 将作品打印，也可以将其输出为其他应用程序支持的图像文件类型。本章就来学习打印输出的方法。

【本章内容提要】

- ✍ 打印机属性设置方法
- ✍ 打印预览与打印输出的方法
- ✍ 印刷输出前的准备工作
- ✍ 网络输出

12.1　打印文件

实训 1　设置打印机属性

在 CorelDRAW 中，根据打印要求的不同，需要对打印机进行不同的设置。一般情况下，要对图像进行普通打印，只需按照系统默认的设置打印即可；若对打印有更高要求，则需进行相应设置。

【实训目的】

- ● 了解打印机属性的设置方法。

【操作步骤】

步骤 1▶ 打开本书配套素材"素材与实例"\"Ph12"文件夹中的"01.cdr"文件。

步骤 2▶ 选择"文件">"打印设置"菜单，打开图 12-1 所示"打印设置"对话框，在其中显示了打印机的名称、状态、类型、位置及备注说明等信息，如图 12-1 所示。

步骤 3▶ 如果用户在一台电脑上安装了多台打印机，可在对话框的"名称"列表框中选择适合于当前要使用的一种打印机。

步骤 4▶ 单击对话框中的"属性"按钮，打开图 12-2 所示打印机属性对话框，通过单击各标签，可在相应显示的选项卡设置区域中设置打印机的各项属性。

步骤 5▶ 参数设置好后，依次单击"确定"按钮，关闭所有对话框，完成打印机的设置。

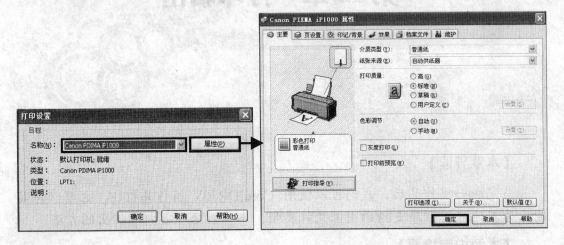

图 12-1 "打印设置"对话框   图 12-2 打印机属性对话框

.提 示.

对于不同的打印机，其设置选项也有所不同，但主要项目是相同的，如打印纸尺寸、打印方向、打印质量、打印份数等。

实训 2 打印预览

打印预览是正式打印前的重要步骤，用户可以在进行打印之前，预览打印效果以避免打印错误，从而节约纸张和打印机耗材。

【实训目的】

● 了解打印预览的方法。

【操作步骤】

步骤 1▶ 打开本书配套素材"素材与实例"\
"Ph12"文件夹中的"01.cdr"文件，选择"文件">
"打印预览"菜单，如果文档页面尺寸或方向与打印

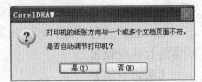

图 12-3 打印提示对话框

机默认纸张尺寸或打印方向不一致，系统将显示图 12-3 所示提示对话框。

步骤 2▶ 单击"是"按钮，即可打开打印预览窗口，如图 12-4 所示。

图 12-4　打印预览窗口

步骤 3▶ 默认情况下，系统按 1:1 比例打印页面。但是，如果文档页面尺寸超出打印机纸张尺寸的话，将导致无法完整打印页面。为此，可打开属性栏中"页面中的图像位置"下拉列表，将其设置由"与文档相同"改为"调整到页面大小"，如图 12-5 所示。

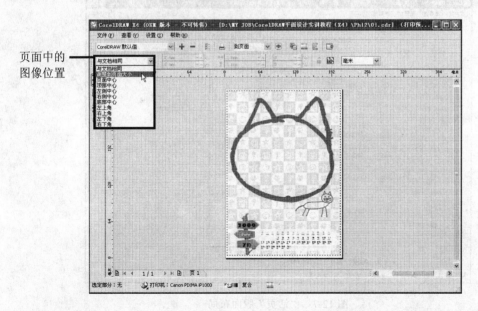

图 12-5　设置页面中的图像位置

步骤 4▶ 在打印预览窗口上的工具箱中提供了 4 种工具，利用它们可以快速地设定一些打印选项，它们的功能如下：

- **"挑选工具"** ▣：用于调整打印区域边界。
- **"版面布局工具"** ▣：用于设置版面布局，从而使打印成品适应不同的要求，如图 12-6 与图 12-7 所示是分别选择"三折页小册子"和"活页"版面布局时的画面效果。

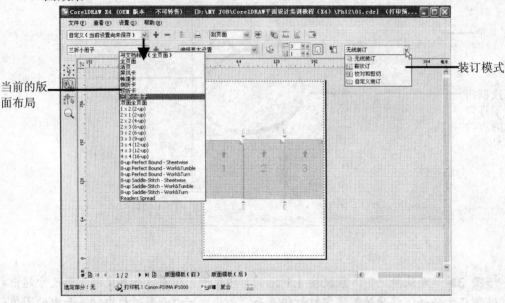

图 12-6 "三折小册子"版面布局

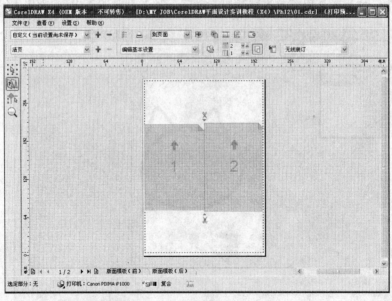

图 12-7 "活页"版面布局

- **"标记放置工具"** ▣：使用该工具可以增加、删除以及定位打印标记。例如，单击属性栏中的 ▣▣▣ 按钮，可分别在页面中放置"裁剪/折叠"标记、打印套准标记和颜色校准栏，如图 12-8 所示。

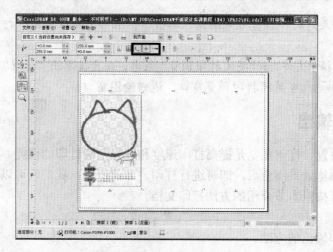

图 12-8　设置和调整打印标记

● **"缩放工具"** ：利用该工具可以缩小或放大正在预览的页面。其中，直接单击鼠标左键可放大画面，按住【Shift】键单击鼠标左键可缩小画面。

小技巧

选择任意一个工具后，在预览区单击鼠标右键，从弹出的快捷菜单中选择相应的缩放菜单项，可以以其他方式缩放画面，如图 12-9 所示。

步骤 5▶ 用户还可以根据需要单击"标准"工具栏中的"满屏"按钮、"启用分色"按钮、"反色"按钮或"镜像"按钮，以适当的预览方式预览打印效果。

步骤 6▶ 在"标准"工具栏的"打印样式"下拉式列表中可以选择适用的打印样式；单击"打印样式另存为"按钮，可将目前打印选项存为一个新的打印样式；单击"删除打印样式"按钮，可将选择的打印样式删除；如单击"打印选项"按钮，可在打开的"打印"对话框中设置打印选项（下一节将对该对话框进行详细解释）。

打印样式————

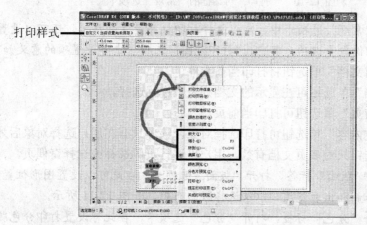

图 12-9　选择"标记放置"工具时右键单击操作窗口显示的快捷菜单

步骤 **7▶** 如果对打印预览效果满意,单击"标准"工具栏中的"打印"按钮,即可打印文档。

步骤 **8▶** 选择"文件">"关闭打印预览"菜单,或直接单击"标准"工具栏中的"关闭打印预览"按钮,可关闭打印预览窗口,返回绘图窗口。

实训3 打印输出

进行打印机设置和打印预览是提高打印速度和进行正确打印的前提。在设置好打印机属性,并对打印预览效果满意后,即可进行打印。如前所述,我们既可以在打印预览窗口中打印文档,也可按照本节介绍的方法打印文档。

【实训目的】
● 了解打印输出的方法。

【操作步骤】

步骤 **1▶** 选择"文件">"打印"菜单或单击"标准"工具栏中的"打印"按钮,打开"打印"对话框,该对话框中共有 6 个标签,如图 12-10 所示。

图 12-10 "打印"对话框的"常规"选项卡

步骤 **2▶** 在"常规"选项卡中,可以选择打印机并设置其属性,还可以设置打印范围、打印样式和打印份数等选项。其中,"打印范围"选项区中各设置项的意义如下:
● 选择"当前文档"单选钮将打印当前文件。
● 选择"文档"单选钮可在显示的文档列表中进行选择。
● 选择"当前页"单选钮可打印当前页。
● 选择"选定内容"单选钮可打印选择对象,该项只有在用户选择对象后才有效。
● "页"单选钮只对多页文档有效,用户可进行页码选择或选择奇偶页。

步骤 **3▶** 单击"版面"标签,打开"版面"选项卡,在此可以设置图形位置和大小,设置是否添加出血限制和出血宽度,以及选择版面布局,如图 12-11 所示。

步骤 **4▶** 单击"分色"标签,打开"分色"选项卡,在此可设置打印分色版时的选项，如图 12-12 所示。

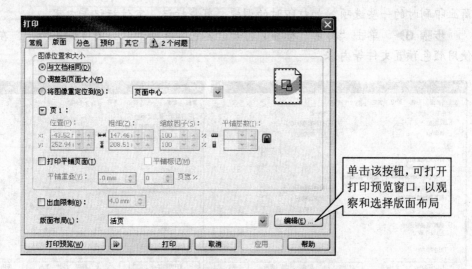

单击该按钮，可打开打印预览窗口，以观察和选择版面布局

图 12-11　"版面"选项卡

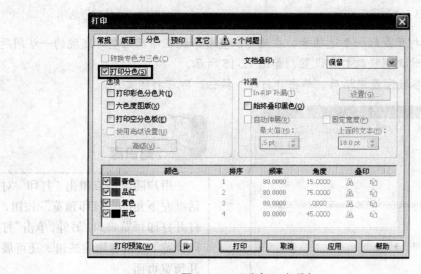

图 12-12　"分色"选项卡

　　所谓分色就是将在绘图中用到的所有颜色按照 CMYK 颜色模式，分成印刷用的 4 种颜色，即青色、洋红、黄色和黑色。在图像经过分色处理之后，就可以输出 4 张 CMYK 分色胶片。

　　当用户选中"打印分色"复选框时，可以将 CMYK 4 种色版分别打印出来。在预览时，绘图会分离成青色、洋红、黄色和黑色 4 个色版。只有该复选框被选中时，才可以设置"分色"选项卡上的各项参数。

步骤 **5**▶ 单击"预印"标签，打开"预印"选项卡，如图 12-13 所示。在此可设置商业印刷时的一些选项，如打印时的调校、剪裁标记、定位标记等内容。

步骤 **6**▶ 单击"其它"标签，打开"其它"选项卡，如图 12-14 所示。在此可设置使用颜色预置文件等内容。

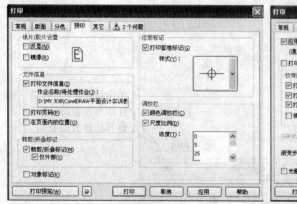

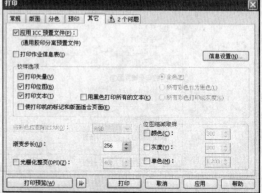

图 12-13　"预印"选项卡　　　　　　　　图 12-14　"其它"选项卡

步骤 **7**▶ 打开最后一个选项卡，在此可以查看系统在印前检查时发现的一些问题，用户可按照其中的说明修改打印设置，如图 12-15 所示。

步骤 **8**▶ 参数设置完毕后，单击"打印"按钮，即可打印文件。

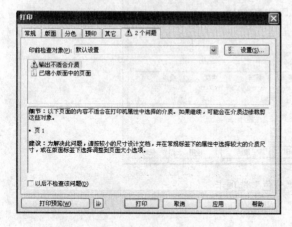

图 12-15　印前检查

知识库

用户随时可以单击"打印"对话框左下角的"打印预览"按钮，打开打印预览窗口。另外，单击"打印预览"按钮右侧的按钮还可展开预览页面。

12.2　印刷输出前准备与网络输出

实训 1　印刷输出前准备

自从电脑普及后，许多印刷品的前置作业都转入电脑进行，完稿后的电脑文件必须交由输出中心输出成印刷用的胶片，再经过拼版、晒版、上版等工序后进行印刷。对于设计人员来说，在提供文档给输出中心前，必须对文档进行详细的检查。

【实训目的】

● 了解输出文档前的一些准备工作流程。

【操作步骤】

步骤 1▶ 打开一个 CorelDRAW 文件，选择"文件"＞"为彩色输出中心做准备"菜单，打开图 12-16 所示的"配备'彩色输出中心'向导"对话框，在此选择一个单选钮，来准备及收集供输出中心使用的文件。

步骤 2▶ 完成选择后单击"下一步"按钮，如果文件中包含有文字，将打开图 12-17 所示对话框。通过选择"复制字体"复选框，可决定在复制输出文件的同时是否同时复制字体文件。

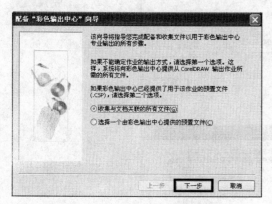

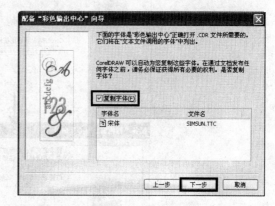

图 12-16 "配备'彩色输出中心'向导"对话框　　　　图 12-17 设定字体

步骤 3▶ 单击"下一步"按钮，打开图 12-18 所示的对话框，在此可确定是否产生 PDF 文件。如果选中"生成 PDF 文件"复选框，表示输出中心可以利用 PDF 文件进行打样或输出 PostScript 文件。

步骤 4▶ 单击"下一步"按钮，打开图 12-19 所示对话框。在此要求用户提供一个文件夹以存放收集的文件，并给出了一个默认设置。用户也可单击"浏览"按钮，自己进行设置。

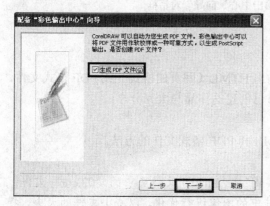

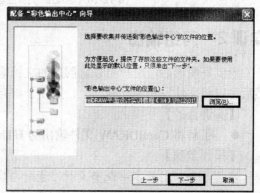

图 12-18 确定是否产生 PDF 文件　　　　图 12-19 设置输出文件的存放路径

步骤 5▶　选择好文件夹后，单击"下一步"按钮，系统自动收集文件，并将它们复制到指定的文件夹中，如图 12-20 上图所示。

步骤 6▶　收集完毕后，会显示图 12-20 下图所示的完成对话框，在此列出了所生成的所有输出需要的文件，单击"完成"按钮，即可完成为输出中心做的准备工作。

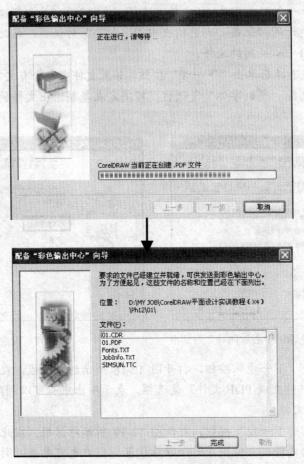

图 12-20　"配备'彩色输出中心'向导"对话框

实训 2　网络输出

绘制好图形后，用户可以将创建的文档输出 HTML（网页的格式）或 PDF 格式文件，然后可以将文件发布到互联网上，以便于将自己创建的作品与大家分享。

【实训目的】
● 了解将 CorelDRAW 文件输出为 HTML 和 PDF 格式文件的方法。
【操作步骤】
步骤 1▶　打开本书配套素材"素材与实例"\ "Ph12"文件夹中的"02.cdr"文件。在将文档发布为 HTML 前，我们可以先对文件中的图像进行优化，以减小文件的大小，提高图像在网络上的下载速度。

步骤 2▶　选择"文件" > "发布到 Web" > "Web 图像优化程序"菜单，打开"网络图像优化器"对话框，如图 12-21 所示。

步骤 3▶　单击"传输速度"下拉按钮，在显示的列表中选择"ISDN（128）"，然后单击"显示比例"下拉按钮，在显示的列表中选择图像在预览框中的显示比例，如图 12-22 所示。

传输速度　　显示比例

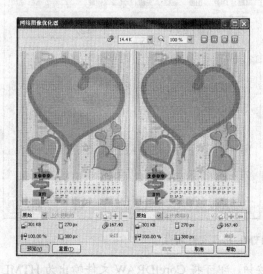

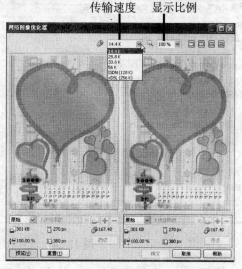

图 12-21　"网络图像优化器"对话框　　　　图 12-22　设置传输速度和显示比例参数

步骤 4▶　单击"网格图像优化器"窗口底部输出格式下拉按钮，在显示的列表中选择图像的输出格式，如图 12-23 所示。设置完毕后，单击"确定"按钮，即可将优化的图形保存到磁盘。

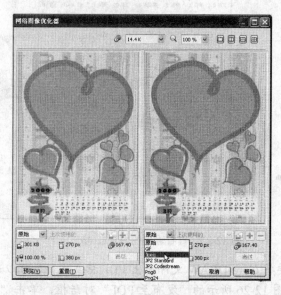

图 12-23　设置输出文件格式

步骤 5▶　选择"文件" > "发布到 Web" > "HTML"菜单，打开图 12-24 左图所示的"发布到 Web"对话框,单击"目标"编辑框右侧的 按钮,可在打开的"选择目录"对话框中选择文件保存的路径;打开"细节"选项卡,可在"文件名"编辑框中输入文件名称,如图 12-24 右图所示。

图 12-24　设置输出 HTML 格式文件属性

步骤 6▶ 参数设置好后,单击"确定"按钮,即可将 CorelDRAW 文件输出为 HTML 格式文件。根据保存路径打开磁盘,从中可以看到输出的 HTML 格式文件,双击该文件,即可以网页的形式打开,如图 12-25 所示。

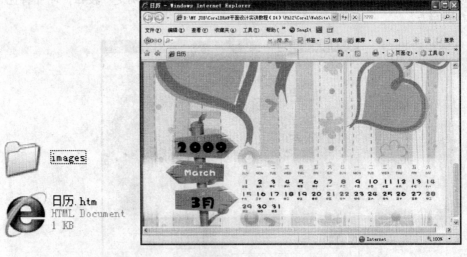

图 12-25　查看输出的 HTML 格式文件

步骤 7▶ 如果要将 CorelDRAW 文件输出 PDF 格式文件,可以选择"文件">"发布至 PDF"菜单,打开图 12-26 所示的"发布至 PDF"对话框,单击"设置"按钮,将打开图 12-27 所示的"发布至 PDF"对话框。

步骤 8▶ 单击该对话框中的各个标签,可以在相应显示的选项卡中对文件做更进一步的设置。设置好后，单击"确定"按钮返回上一级对话框，再单击"保存"按钮▣，即可将 CorelDRAW 文件另存为 PDF 格式。

图 12-26　"发布至 PDF"对话框

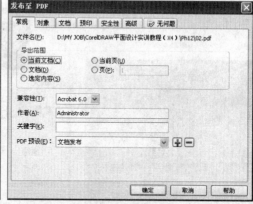

图 12-27　设置输出 PDF 格式文件属性对话框

综合实训——制作数码相机海报

在 CorelDRAW X4 中，用户可以对图形进行任意编辑，只要想得到，它几乎都能帮你实现。下面，我们将结合本书所学内容制作图 12-28 所示的数码相机海报。

制作本例需要先导入风景、人物和数码相机图像，对风景图像应用"透镜"效果并添加透明效果；对人物图像进行剪裁并添加透明效果；调整数码相机图像的大小，并复制部分人物图像，适当缩小并放置于相机的屏幕处；最后制作海报所需的文本并打印。

步骤 1▶　新建一个 A4 横式文档，利用"导入"命令将本书配套素材"素材与实例" \"Ph12"文件夹中的"01.jpg"文件导入到页面中，调整图像的高度与页面等高，然后将宽度调整为 220mm，如图 12-29 所示。

图 12-28　海报效果图

图 12-29　导入位图并调整尺寸

步骤 2▶ 利用 "矩形" 工具 □ 在图 12-30 所示位置绘制一个规格为 90×80mm 的矩形，设置其轮廓线颜色为红色（M=Y=100），宽度为 5mm，无填充颜色。

步骤 3▶ 选中矩形，然后选择 "效果" > "透镜" 菜单，打开 "透镜" 泊坞窗，在其中设置透镜类型为 "放大"，"数量" 为 2，勾选 "冻结" 复选框，单击 "应用" 按钮，得到图 12-31 右图所示透镜效果。

图 12-30　绘制矩形　　　　　　　　　　图 12-31　将矩形制作成透镜

步骤 4▶ 利用 "3 点矩形" 工具 □ 绘制两个矩形，设置其轮廓线宽度为 5mm、颜色为 60% 黑色，并参照图 12-32 所示效果放置。

步骤 5▶ 将步骤 4 绘制的矩形原位置复制，然后更改其轮廓线颜色，并轻微向左上方移动，制作出阴影效果，如图 12-33 所示。

图 12-32　绘制矩形　　　　　　　　　　图 12-33　复制矩形并更改轮廓线颜色

步骤 6▶ 选中风景图像，利用 "交互式透明" 工具 □ 为风景图像制作透明效果，如图 12-34 所示。

步骤 7▶ 导入 "Ph12" 文件夹中的 "02.jpg" 文件，适当调整其大小，然后利用 "裁剪" 工具 □ 对其进行裁切，如图 12-35 所示。

图 12-34　为风景图像制作透明效果

图 12-35　导入图像并进行裁剪

步骤 8▶　利用 "交互式透明" 工具 为人物图像制作透明效果，如图 12-36 所示。

步骤 9▶　导入 "Ph12" 文件夹中的 "03.png" 文件，适当调整图像的大小，并放置于图 12-37 所示位置。

图 12-36　为人物图像制作透明效果

图 12-37　导入照相机图像

步骤 10▶　复制人物图像，并删除透明效果，然后将人物图像进行裁切，只保留上半身，再调整其大小，放置于相机的屏幕上，效果如图 12-38 所示。

步骤 11▶　利用 "文本" 工具 在页面中输入所需的文本，并分别设置合适的字体、字号、填充颜色等属性，放置于图 12-39 所示位置。至此，海报就制作好了。按【Ctrl+S】组合键，将文件保存。

图 12-38　复制人物图像并裁切

图 12-39　制作文本

步骤 12▶ 选择"文件">"打印"菜单，打开"打印"对话框，单击"打印预览"按钮右侧的⊞按钮，展开打印预览窗口，如图 12-40 所示。

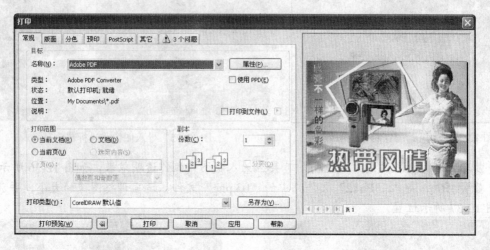

图 12-40 "打印"对话框

步骤 13▶ 在"名称"下拉列表中选择一种打印机，若图片与页面不符，会弹出图 12-41 所示的提示对话框，单击"是"按钮，回到"打印"对话框中，从打印预览窗口中可以看出图片以作调整，如图 12-42 所示。

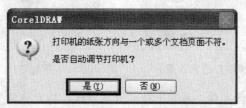

图 12-41 打印提示对话框

图 12-42 "打印"对话框

步骤 14▶ 单击"打印"按钮即可打印图像。

本章小结

本章主要介绍了在 CorelDRAW 中打印文件的方法，印刷输出前的准备工作，以及 PDF 格式文件的输出方法。

思考与练习

一、填空题

1. 选择＿＿＿＿ ＞ ＿＿＿＿菜单，可以打开打印预览窗口。
2. 要在打印预览窗口中设置打印版面布局，可以＿＿＿＿＿＿＿＿＿＿＿＿＿。

二、问答题

1. 简述打印文件的过程。
2. 如果文档尺寸大于纸张尺寸，如何将文档打印在一页纸内？
3. 如何进行印刷输出前的准备工作？
4. 如何将 CDR 文件输出为 HTML 和 PDF 格式文件？

本章小结

本章介绍了 CorelDRAW 的打印、输出等相关知识，以及如何打印输出为 PDF、HTML 等格式。

思考与练习

一、填空题

二、简答题